ZEITSCHRIFT FÜR ANGEWANDTE GEOLOGIE

HERAUSGEGEBEN VOM
ZENTRALEN GEOLOGISCHEN INSTITUT
IM AUFTRAG DES
STAATSSEKRETARIATS FÜR GEOLOGIE

AUS DEM INHALT

AKADEMIE-VERLAG · BERLIN

BAND 15 / HEFT 10
OKTOBER 1969
SEITE 503—558

	INHALT	СОДЕРЖАНИЕ	CONTENTS	
W. I. Smirnow	Über die Quellen der Substanz endogener Erzlagerstätten	Об источниках вещества эндогенных месторождений полезных ископаемых	On the Sources of the Substance of Endogenic Ore Deposits	503
C. Freese, W. Jung & G. Meyer	Zu einem Lagerstättenplanungsmodell im Kupferschieferbergbau	О модели планирования месторождения в разработке медистого сланца	On a Model for Planning Deposits in Copper Schist Mining	512
J. J. Głogoszowski & J. Śliwiok	Fettsäuren in Erdölen und in der dispersen organischen Substanz	Жирные кислоты в нефтях и рассеянном органическом веществе	Fatty Acids in Petroleumsand in the Disperse Organic Substance	523
P. Dostal & F. May	Zur Anwendung stabiler Isotope in der Geochemie	О применении устойчивых изотопов в геохимии Доклад о 2-ом Симпозиуме	Use of Stable Isotopes in Geochemistry Report of the Second Symposium	527
E. Stolle	Abgrenzung der Vorratsklassen von Kaliflözen nach dem mittleren Fehler des nutzbaren Flächenanteils	Разграничение классов запасов пластов калийной соли по средней ошибке доли полезной площади	Delimitation of the Classes of Reserves of Potash Seams by the Mean Error of the Useful Surface Portion	530
O. Wagenbreth	Lagerstätten der Werk- und Dekorationssteine in der DDR	Месторождения строительного и декоративного камня в ГДР	Free- and Decoration Stone Deposits in the G. D. R.	536
H.-J. Bellmann	Böschungsausbrüche im Brückentiefschnitt des Tagebaus Böhlen und ihre geologischen Ursachen	Обвалы откоса в мостовом вырезе открытой разработки Бёлен и их геологические причины	Slope Failures in the Bridge Deep-Cut of Böhlen Opencast Mine and their Geological Causes	548
Besprechungen und Referate, Informationen, Kurznachrichten				552

Die ZEITSCHRIFT FÜR ANGEWANDTE GEOLOGIE berichtet ständig über folgende Arbeitsgebiete: Geologische Grundlagenforschung und Lagerstättenforschung / Methodik der geologischen Erkundung / Ökonomie und Planung der geologischen Erkundung / Technik der geologischen Erkundung / Geologie und Lagerstättenkunde im Ausland. In der Zeitschrift können alle strittigen Fragen der praktischen Geologie behandelt werden. Die Autoren übernehmen für ihre Aufsätze die übliche Verantwortung.

ZEITSCHRIFT FÜR ANGEWANDTE GEOLOGIE

Träger der Ehrennadel in Gold der Gesellschaft für Deutsch-Sowjetische Freundschaft

KOLLEKTIVE CHEFREDAKTION

Dr. K. KAUTER (Redaktionssekretär)
Prof. Dr. F. STAMMBERGER
Dr. habil. G. TISCHENDORF

BAND 15 · OKTOBER 1969 · HEFT 10

Über die Quellen der Substanz endogener Erzlagerstätten

W. I. SMIRNOW, Moskau

Gegenwärtig sind wir in der Lage, in erster Annäherung drei Gruppen von Quellen der Erzsubstanz, die in die Bildung endogener Erzlagerstätten einging, anzunehmen: 1. eine juvenile Gruppe, die mit dem subkrustalen Magma basaltoider Zusammensetzung verknüpft ist; 2. eine Assimilationsgruppe, die in geringerer Teufe auftretenden palingenen Magmen der Erdkruste vorzugsweise granitoidischer Zusammensetzung entstammt; 3. Infiltrationserzkörper, die durch Mobilisation erzführender Substanzen auf den Zirkulationswegen aggressiver, hydrothermaler Lösungen unterschiedlicher Entstehung (magmatogen, metamorphogen, exogen) entstanden.

Wir sind noch nicht in der Lage, alle endogenen Lagerstätten diesen drei Gruppen zuzuordnen, jedoch besteht bereits die Möglichkeit, charakteristische Beispiele von Bildungen anzugeben, die ziemlich sicher zu diesen Gruppen gehören.

Zur ersten Lagerstättengruppe, deren Substanz in der Hauptsache juveniler Entstehung ist und die mit dem subkrustalen Magma zusammenhängt, gehören Lagerstätten, die mit basaltoiden Formationen magmatischer Gesteine der frühen Stadien des geosynklinalen Zyklus sowie mit analogen Formationen aktivierter Plattformen assoziiert sind.

Zur zweiten Lagerstättengruppe, deren Substanz aus palingenen Magmen stammt, gehören die besonders charakteristischen postmagmatischen Erzlagerstätten der Granitformationen mittlerer und später Stadien der geosynklinalen Entwicklung.

Zur dritten Gruppe außermagmatischer Quellen von Infiltrationscharakter gehören möglicherweise einige schichtförmige Lagerstätten der abschließenden Stadien des Geosynklinalzyklus und der Plattformetappe der geologischen Entwicklung.

Die juvenile Gruppe

Endogene Lagerstätten mineralischer Rohstoffe, die sich unter Zuführung ihrer mineralischen Substanz aus juvenilen Quellen des subkrustalen basaltoiden Magmas bilden, treten im Rahmen von Zerrungen in Teilen der Erdkruste auf. Derartige Bedingungen treten im Rahmen eines normalen Zyklus der Erdkrustenentwicklung zweimal auf: zunächst in einem frühen, dem eigentlichen Geosynklinalstadium der Geosynklinaletappe — in den Trögen der Eugeosynklinalen —, zum zweiten in der Plattformetappe in den großen Tiefenbruchzonen. In beiden Fällen zeichnet sich die Erdkruste in den Zonen der Erzbildung durch eine verringerte Mächtigkeit, d. h. durch eine starke Ausbildung der Basaltschale und eine Verringerung der Granitschale, örtlich bis zur vollständigen Unterdrückung der letzteren, aus. Der Abstand bis zur MOHOROVIČIĆ-Diskontinuität bleibt in den Trögen der Eugeosynklinalen unter 25—35 km. Längs der Plattformbrüche, welche den basaltoiden Magmatismus und die Erzbildung bestimmen, ist diese Tiefenlage ebenfalls nicht bedeutend, nämlich 25—27,5 km (STRACHOW 1968).

Magmatismus und endogene Erzbildung in den frühen Stadien des Geosynklinalzyklus treten nur unter den Bedingungen der Eugeosynklinalen auf. In diesem Stadium bilden sich vier Hauptformationen magmatischer Gesteine und durch sie bedingte magmatogene Erzlagerstätten: 1. die perioditische mit magmatischen Erzlagerstätten des Chromits, Osmiums und Iridiums; 2. die gabbroide mit magmatischen Lagerstätten an Titanomagnetit, Platin und Palladium; 3. die plagiogranit-syenitische mit Skarnlagerstätten des Eisens und des Kupfers; 4. die vulkanogene submarine Spillit-Keratophyr-Formation mit Lagerstätten von Eisen-, Kupfer- und Zinksulfiden sowie oxydischen Eisen- und Manganerzen.

Zu den basaltoiden Formationen der aktivierten Plattformen gehören: 1. die Trappformation mit magmatischen Lagerstätten sulfidischer und Kupfer-Nickel-Erze; 2. die kimberlitische mit Diamantvorkommen magmatischer Herkunft; 3. die Formation ultrabasischer alkalischer Gesteine mit Lagerstätten von Buntmetallen und seltenen Elementen in Karbonatiten.

Über die juvenilen tiefenmagmatischen, wahrscheinlich subkrustalen Quellen des Eisens, Mangans, Vanadiums, Titans, Chroms und der Platinmetalle in magmatischen Lagerstätten früher Stadien, die Fazies von aus großer Tiefe stammenden basischen Gesteinen darstellen, können kaum Zweifel bestehen. Eine sorgfältige Untersuchung erfordert die Herkunft der erzbildenden

Eingang des Manuskripts in der Redaktion: 5. 6. 1969.
Erweiterter Text eines Berichtes für die gemeinsame Sitzung der Sektion Geowissenschaften der Akademie der Wissenschaften der UdSSR vom 19. November 1968.
Übers.: W. TOBIAS.

Substanz der Kies- und der Skarnlagerstätten dieses Stadiums.

Für die Kieslagerstätten kann bei derartigen Untersuchungen Schwefel als guter Indikator dienen. Zur Zeit hat sich ein ziemlich umfangreiches Material über die Variationen der Schwefelisotope in Kieslagerstätten, wie in Abb. 1 wiedergegeben, angesammelt. In den unterpaläozoischen Kieslagerstätten des Urals liegt das Verhältnis der Isotope ^{32}S zu ^{34}S in Pyriten und anderen Sulfiden nach den Angaben von A. P. WINOGRADOW, M. S. TSCHUPACHIN & W. A. GRINENKO (1956) sowie nach N. W. PETROWSKAJA & L. N. GRINENKO (1962) u. a. im Bereich von 22,10—22,20. In den paläozoischen, mesozoischen und känozoischen Kieslagerstätten des Kaukasus liegt es nach den Angaben von N. S. SKRIPTSCHENKO u. a. (1963), E. A. SAGATELJAN & L. N. GRINENKO (1964), W. A. BUADSE u. a. im Bereich von 22,11—22,42. In den Sulfiden der miozänen Kieslagerstätten Japans (Typ „Kuroko") beträgt dieses Verhältnis nach den Materialien von W. AULT & L. KAPL (1960), T. TATSUMO (1965), W. I. SMIRNOW (1968) u. a. 22,06—22,33. Nach T. TATSUMO ist dieser Bereich bereits für die alten Kieslagerstätten Japans in Hitachi mit 22,14—22,16 typisch. In den proterozoischen Kieserzen Schwedens (Boliden) schwankt dieses Verhältnis nach S. GAVELIN u. a. (1960) etwa zwischen 22,10 und 22,30.

Auf diese Weise ist das Verhältnis der Schwefelisotope in den Sulfiden der Mehrzahl von Kieslagerstätten durch einen engen Variationsbereich gekennzeichnet, der in Annäherung an den Standard von Meteoriten durch einen etwas höheren Gehalt der schweren Isotope und ihre isolierte Lage außerhalb des Bereiches biogenen Schwefels gekennzeichnet ist. All dies bezeugt eindeutig die primär-juvenile magmatogene, höchstwahrscheinlich im Mantel gelegene Quelle des Schwefels von Kieslagerstätten.

In Verbindung mit dem über die Variationen der Schwefelisotope Dargelegten sind zwei Beispiele interessant. Das erste betrifft die Variation des Schwefelisotopenverhältnisses in den Kieslagerstätten von Rammelsberg und Meggen. Hier ist nach den Angaben von G. ANGER, H. NIELSEN u. a. (1966), F. BUSCHENDORF, H. NIELSEN u. a. (1963) die Spanne des Schwefelisotopenverhältnisses breiter und liegt zwischen 22,80 und 22,40, unter Einschluß des Bereichs biogenen Schwefels. Jedoch weichen diese Lagerstätten von den klassischen Kieserzen dahingehend ab, daß sie nicht in vulkanogenen, sondern in sedimentären Gesteinen auftreten, die deren entfernte fazielle Analoga darstellen. Im Zusammenhang damit ist, wie G. ANGER u. a. annehmen, ein Teil des Schwefels in diesen Kieslagerstätten, die sich auf dem Boden des Devonmeeres gebildet haben, an die sulfatreduzierende Tätigkeit von Bodenbakterien gebunden. Des weiteren sei daran erinnert, daß die Variationen der Schwefelisotope in den Sulfaten von Kieslagerstätten wie Gips und Baryt immer geringer sind als in den Sulfiden. Es ist dies ein besonderes, ziemlich kompliziertes geochemisches Problem, das hier nicht behandelt werden soll. Es sei lediglich auf den Versuch verwiesen, jenes Problem durch Fraktionierung der Isotope dieses Elements infolge des thermodynamischen und genetischen Effektes zu erklären (WINOGRADOW 1966).

Was die anderen Elemente der Kies- und Skarnlagerstätten betrifft, so muß man sich mit ihnen besonders

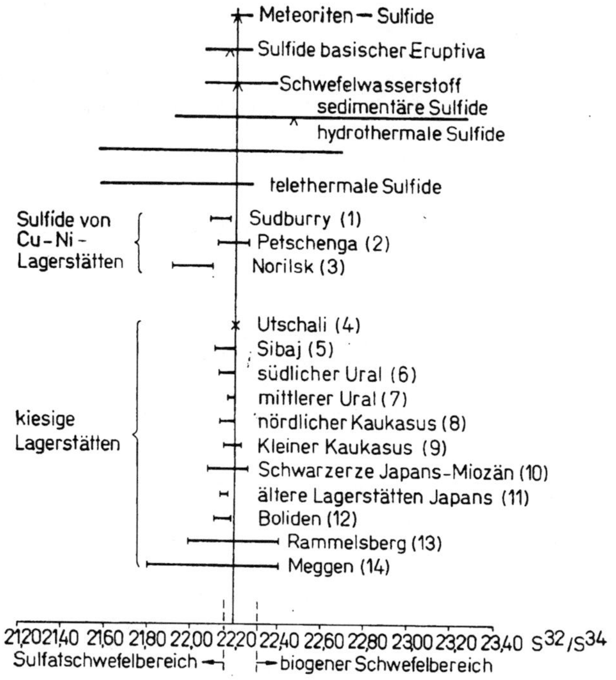

Abb. 1. Variation des Schwefelisotopenbestandes von Sulfiden

1 — M. JENSEN (1959); 2 — L. GRINENKO, W. GRINENKO, I. LJACHNITZKAJA (1967); 3 — A. WINOGRADOW, L. GRINENKO (1964); 4 — N. PETROWSKAJA, L. GRINENKO (1962); 5 — L. GRINENKO (1963); 6 — A. WINOGRADOW, M. TSCHUPACHIN u. a. (1956); 7 — desgl.; 8 — N. SKRIPTSCHENKO, N. WESSELOWSKIJ u. a. (1963); 9 — E. SAGATELJAN, L. GRINENKO (1964); 10 — W. BUADSE, J. L. KULP (1960); 11 — TATSUO TATSUMI (1965), SMIRNOW (1968); 12 — S. GAVELIN u. a. (1960); 13 — G. ANGER, H. NIELSEN u. a. (1966); 14 — F. BUSCHENDORF, H. NIELSEN u. a. (1963)

beschäftigen. Die juvenile Herkunft von Kupfer und Zink ist im Lichte des Obendargelegten für diese Gruppe von Lagerstätten hinreichend wahrscheinlich. Komplizierter sieht die Angelegenheit bei Eisen aus. Es wird die Meinung geäußert, daß das Eisen sowohl bei der Bildung von Kies- als auch von Skarnlagerstätten aus den umliegenden Gesteinen stammt. So stellen nach Meinung einiger Geologen Kieslager eine Anreicherung der Komponenten dar, die aus den ursprünglichen Gesteinen bei deren Verdrängung durch quarz-serizitische Neubildungen ausgelaugt wurden. Hierbei wird angenommen, daß das Eisen der Sulfide aus dem Nebengestein ausgelaugt und in die Kieslager übergeführt wurde. Jedoch stößt eine solche Konzeption auf eine Reihe ihr widersprechender Fakten:

1. Es existieren Kieslagerstätten, die nicht von einer Serizitisierung begleitet werden, sondern von einer Chloritisierung, die nicht durch Eisenabfuhr, sondern durch Eisenzufuhr charakterisiert ist (Lagerstätten der Türkei nach H. BORCHERT 1960).

2. Die Abmessungen der Kieserzkörper und der Serizitisierungszonen (deren Erstreckung manchmal insgesamt nur 0,2—0,4% der Mächtigkeit der Erzkörper beträgt, z. B. Bljawa im Ural) stehen nicht im Einklang miteinander.

3. Die Eisenabfuhr wird durch die Gesamtelementbilanz der betreffenden Umlagerungsprodukte in Verbindung mit der Veränderung der Nebengesteine nicht

bestätigt. Der Eisengehalt beträgt nach den Angaben einer Vielzahl von Analysen (in %) in:

Porphyriten und Andesiten	8,5
Albitophyren	5,2
Quarzit-Serizit-Schiefern	1,8
Chlorit-Schiefern	15,7

Aus diesen Angaben geht hervor, daß aus einer Tonne sauren Gesteins während der Umbildung in Quarz-Serizit-Schiefer etwa 30 kg und aus einer Tonne basischen Gesteins 70 kg Eisen fortgeführt werden. Dagegen ist zur Bildung von Chlorit-Schiefern eine Zufuhr von Eisen erforderlich, die für saure Gesteine etwa 100 kg und für basische etwa 70 kg pro Tonne Ausgangsgestein beträgt. Hierbei wird bei ungefähr gleicher Mächtigkeit der Quarz-Serizit- und der Chloritschieferzonen alles Eisen, das aus dem vulkanischen Gestein im Verlauf seiner Umwandlung in Quarz-Serizit-Schiefer ausgelaugt wird, in Richtung der fortschreitenden Metasomatose in die dahinter gelagerten Chlorit-Schiefer übergeführt. Somit kann das Eisen, das sich infolge der Umwandlung vulkanischer Gesteine in Quarz-Serizit-Schiefer abscheidet, nicht als Quelle der Bildung von Kieserzen betrachtet werden. Zu dieser Schlußfolgerung gelangten auch W. A. PROKIN, W. M. RUDAKOW & N. N. SOLODKIJ (1963) für Sibaja im Ural auf Grund einer Gesamtstoffbilanz der Erze und der veränderten Gesteine nach der Volumenmethode. Dies erscheint noch wahrscheinlicher, wenn man berücksichtigt, daß sich die Quarz-Serizit-Schiefer gewöhnlich etwas früher bilden, d. h. noch vor Beginn der kiesigen Mineralisation unter verändertem physikochemischem Regime der Mineralbildung (SMIRNOW 1968). In Verbindung mit dem Dargelegten ist für die Kieserzbildungen die magmatogene Quelle des Eisens am wahrscheinlichsten.

Oben wurde darauf hingewiesen, daß verschiedene Skarn- bzw. skarnähnliche Eisenerzlagerstätten von Nebengesteinen begleitet werden, die in bezug auf ihren Eisengehalt verarmt sind. In Verbindung damit wurde die Ansicht der Konzentration des Eisens bei der Bildung derartiger Lagerstätten aus den Begleitgesteinen geäußert. Diese Möglichkeit wurde z. B. von G. W. POLJAKOW (1967) für die magmatischen Lagerstätten im Süden Sibiriens in Betracht gezogen. Diese Lagerstätten sind mit basaltoiden Gesteinen früher Stadien des kaledonischen geosynklinalen Zyklus assoziiert. Sie werden von drei Typen leukokratisierter Gesteine begleitet: 1. granitisierten Neubildungen; 2. Albititen und amphibol-skapolithischen Metasomatiten; 3. Diopsid-Plagioklasiten und Epidot-Aktinolith-Plagioklasiten. In allen Fällen ergibt diese Leukokratisierung eine erhebliche Fortführung von Eisen aus den basischen Intrusiv- und Effusivgesteinen (Tab. 1).

Auf diese Weise wurden infolge aktiver Extraktion des Eisens durch postmagmatische Lösungen bei Zersetzung petrogener femischer Minerale, z. B. bei der Bildung der apogabbroiden Albitite von Ansas, aus jedem Kubikkilometer Gestein etwa 200 Mill. Tonnen freien Eisens abgeführt. Die Ausmaße, in denen dieser Prozeß auftritt, sind bedeutend. Bei Flächen albitisierter Gesteine, die nach Quadratkilometern messen und einer Teufe bis zu 900 m, ist die gesamte Eisenmenge, die bei der Leukokratisierung des Gesteins freigesetzt wird, bei weitem in der Lage, die Eisengehalte der Skarnlagerstätten der betrachteten Erzprovinz zu kompensieren.

Jedoch auch dann, wenn ein Teil des Eisens der Skarnlagerstätten aus benachbarten Eruptivgesteinen stammt, erweist sich schließlich die primäre Quelle dieses Elementes als magmatisch.

Entsprechend dem engen Zusammenhang von sulfidischen Kupfer-Nickel-Lagerstätten mit aus der Tiefe stammenden basischen Gesteinen und dem engen Variationsbereich der Schwefelisotope ihrer Sulfide, der nahe dem Standard von Meteoriten liegt, ist die Quelle solcher Erzbildungen sicher das subkrustale Magma. Zu dieser Schlußfolgerung gelangten auch R. N. CROCKETT & R. MASON (1968) bei der Untersuchung der Genese sulfidischer Kupfer-Nickel-Lagerstätten der Afrikanischen Plattform. Nur manchmal, wie z. B. in Norilsk, wo eine Abweichung des Schwefelisotopenverhältnisses nach links auftritt (Abb. 1), wird die Möglichkeit einer Assimilation von Gips auf den Aufstiegswegen des erzführenden Magmas in Betracht gezogen (WINOGRADOW & GRINENKO 1964).

Die Herkunft der Kimberlite aus großen Tiefen ist offensichtlich. Die Diamanten in den Kimberlitpipes aller Gebiete der Erde zeigen eine erstaunliche Konstanz des Verhältnisses der Kohlenstoffisotope, das durch eine geringe Variationsbreite charakterisiert ist. Untersuchungen des Isotopenverhältnisses $^{12}C/^{13}C$ von Diamanten aus Kimberliten der UdSSR und anderer Länder und ihre Gegenüberstellung mit den Variationen der Isotope dieses Elementes in anderen kohlenstoffhaltigen natürlichen Verbindungen ergibt folgende Werte (KROPOTOWA 1966):

Diamant	89,24—89,78,	im Mittel 89,44
Karbonate der Kimberlite	89,49—89,69,	„ „ 89,60
Steinmeteorite		„ „ 89,61
marine Karbonate		„ „ 88,56
Bitumina der Kimberlite		„ „ 91,1
Erdöl		„ „ 91,50

Aus diesen Angaben folgt, daß nach dem Verhältnis der Kohlenstoffisotope die Diamanten und die karbonatische Substanz der Kimberlite den Steinmeteoriten nahestehen und sich erheblich von marinen sedimentären Karbonaten auf der einen Seite und der Bitumina in Kimberliten und des Erdöls andererseits unterscheiden

Tab. 1. Eisenabfuhr bei der Leukokratisierung basischer Gesteine, die an die Eisenerzlagerstätten Südsibiriens angrenzen (nach G. W. POLJAKOW)

Lagerstätte	Prozeß der Leukokratisierung	Eisenabfuhr 10^{-3} g/cm³	
		Fe_2O_3	FeO
Irbin	Granitisation	— 136	— 105
Krasokamen	Granitisation	— 79	— 65
Schindin	Granitisation	— 78	
Ansass	Albitisierung	— 69	
Tartasch	Albitisierung	+ 21	
Chaileol	Skapolithisierung	— 96	
Mulgin	Bildung von Diopsid-Plagioklas-Gesteinen	— 17	
Tajat	Bildung von Epidot-Aktinolith-Plagioklas-Gesteinen	— 9	

(Abb. 2). Diese Gegenüberstellung gestattet, als Quelle für den Kohlenstoff der Diamanten die subkrustale Substanz des Mantels anzusehen. Dieses beweisen auch die Angaben von R. N. CROCKETT & R. MASON (1968) über die Afrikanische Plattform.

Für den Komplex der ultrabasischen alkalischen Gesteine karbonatitischer Lagerstätten steht ebenfalls die tiefe magmatische Herkunft außer Zweifel. Manchmal treten Zweifel über den Tiefencharakter der karbonatitischen Substanz dieser Bildungen auf. Jedoch zeigte eine systematische Untersuchung der Isotopenzusammensetzung des Kohlenstoffs von Karbonatiten Sibiriens, daß die Isotopenvariationen dieses Elementes in engen Grenzen nahe den Werten schwanken, die für Steinmeteoriten typisch sind und durch $^{12}C/^{13}C$-Werte von 89,35—89,52 charakterisiert sind (Abb. 2). Zweifellos kann daraus geschlußfolgert werden, daß die Quelle des Kohlenstoffs der Karbonatite im juvenilen Magma des Mantels zu suchen ist (KOROTOWA 1966).

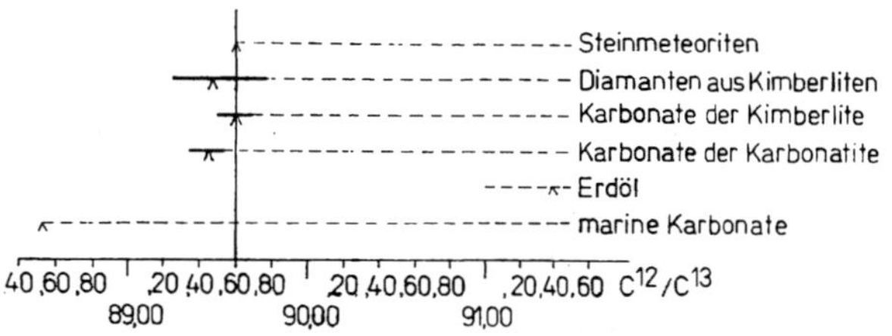

Abb. 2. Variation des Kohlenstoffisotopenbestandes (nach Angaben verschiedener Bearbeiter)

Alles Obengesagte führt zu der Schlußfolgerung, daß die Hauptmasse erzbildender Elemente der magmatogenen Lagerstätten, die mit basaltoiden Formationen früher Stadien der geosynklinalen Etappe sowie der Plattformetappe der geologischen Entwicklung verknüpft sind, subkrustale Substanz als Quelle haben. Gemeinsam ist dieser Gruppe eine streng eingehaltene Reihe von Elementen, die sich ohne Ausnahme von den ältesten bis zu den allerjüngsten Lagerstätten in allen Erzgebieten der Welt wiederholen.

Die Assimilationsgruppe

Die günstigsten Möglichkeiten der Entstehung endogener Erzlagerstätten, die sich aus der Substanz palingener Magmen granitischer Zusammensetzung bilden, bestehen während der Periode der Hauptfaltungsphase und unmittelbar im Anschluß an diese. Die Massive der Granitoide werden als magmatische Produkte angesehen, die infolge Aufschmelzung unterer Teile der sedimentären Hülle der Erdkruste entstehen und ihre Aufstülpungen in die oberen Etagen dieser Hülle entsenden, die keiner Tiefenmetamorphose und Granitisation unterliegen.

Weil die Magmen dieses Stadiums palingener Entstehung sind, hängt die Zusammensetzung der sie begleitenden Erzlagerstätten bekanntermaßen vom Chemismus der aufgeschmolzenen Gesteine ab. Die chemische Zusammensetzung der sedimentären Hülle ist für verschiedene Teile der Erde nicht die gleiche, was dann zu territorialen Besonderheiten der Zusammensetzung von mit palingenen Granitoiden verbundenen Erzlagerstätten verschiedener Gebiete führt. Diese Tatsache ist allgemein bekannt, wenn auch die Erklärung ihrer obenangeführten Ursachen noch immer zu jener Kategorie wissenschaftlicher Hypothesen gehört, die eine weitere Begründung erfordern. Außerdem hängt die Bildung postmagmatischer Erzlagerstätten, die mit batholithischen Granitoidmassen verknüpft sind, offensichtlich nicht nur von der Zusammensetzung der Ausgangssubstanz ab, die in die Bildung der granitoidischen Gesteine eingeht, sondern auch von physikochemischen Gesetzmäßigkeiten der Kristallisation der Magmen, der Abspaltung flüchtiger Substanzen von ihnen und deren Bindung in Form von Erzkörpern. Ohne detailliert auf die Analyse dieses Prozesses einzugehen, kann man feststellen, daß hierbei eine Selektion ganz bestimmter Elemente erfolgt, die in bekanntem Maße den Charakter der postmagmatischen Produkte und die Zusammensetzung der in sie eingehenden Elemente bestimmt.

Als Beispiel für die Konzentration nutzbarer Elemente der betrachteten Gruppe kann die Bildung von Albitit-Greisen-Lagerstätten dienen, die mit granitischen Formationen verbunden sind, wobei die Quellen der Substanzen, die in die Bildung dieser Erzkörper eingehen, geklärt werden können. Diese eigenartigen Lagerstätten sind mit extrem sauren alaskitischen Graniten assoziiert, die sich kettenförmig längs axialer Aufwölbungen der Geosynklinale oder auf Linien großer Bruchstörungen entlangziehen.

Die Lagerstätten dieser Gruppe sind mit Aufstülpungen granitischer Massive verknüpft, die im postmagmatischen Stadium einer alkalischen Metasomatose unterworfen wurden. Hierbei wurden infolge einer Natriummetasomatose die Scheitelregionen granitischer Kuppeln und deren Apophysen albitisiert. Der Kaliumüberschuß konnte abgeführt und in Greisen gebunden werden, die sich an der Grenze der albitisierten Granite und deren Nebengesteine sowie innerhalb letzterer in der Nähe des Hangenden der Intrusiva herausbildeten. In den Albititen erfolgt eine Konzentration von Zirkon-, Niob- und Thoriummineralen, während sich in den Greisen Lagerstätten von Zinn, Wolfram, Molybdän, Beryllium und Lithium bilden.

Für den Charakter der Umgruppierung gesteinsbildender Elemente in diesem Prozeß können folgende Angaben zeugen, die aus der Arbeit von G. N. SCHTSCHERBA u. a. (1964) über die Albitite und Greisen der erzführenden Granite der sogenannten dritten Phase des mittleren Stadiums des herzynen Zyklus von Kasachstan stammen (Tab. 2). Aus der Tab. 2 ist deutlich ersichtlich, daß sich in Verbindung mit der Bildung von Albititen die Konzentration von Natrium merklich erhöht, während bei der Bildung von Glimmergreisen Kalium akkumuliert wird.

Hierbei erfolgten sozusagen eine Raffination der Gesteine von metallischen Elementbeimengungen und die Umlagerung eines Teils der letzteren in die Albitite und eines anderen Teils in die Greisen. Dieser Prozeß wird dadurch erleichtert, daß die erzführenden Granite selbst einen etwas erhöhten Gehalt an erzbildenden Elementen besitzen. Eine allgemeine Zusammenfassung der Angaben über die Umgruppierung typomorpher Metalle, die aus den Graniten in Albititen und Greisen konzen-

Tab. 2. Umlagerung der wichtigsten gesteinsbildenden Elemente im Verlauf der Bildung von Albititen und Greisen in den Graniten Kasachstans

Chemische Zusammensetzung	feinkörniger Granit der 3. Phase (sieben Analysen)	Albitit (zwei Analysen)	Glimmergreisen (sechs Analysen)
SiO_2	75,10 – 77,16	61,46 – 74,44	44,07 – 54,84
Al_2O_3	12,22 – 13,27	11,57 – 13,89	19,08 – 34,52
CaO	0,47 – 1,19	1,30 – 1,56	0,00 – 2,38
Na_2O	2,08 – 3,98	5,35 – 6,74	0,30 – 1,59
K_2O	3,82 – 4,69	2,55 – 3,86	5,29 – 9,00

triert werden, wird in Tab. 3 dargestellt. Hierbei wird manchmal ein erheblicher Metallaustrag aus der tieferen, unter dem Erzkörper gelegenen Zone festgestellt. So fällt nach den Angaben von W. L. BARSUKOW (1967) der Zinngehalt von 26 g/t in unveränderten Graniten in der Zone des Austrags bis auf 4—5 g/t. Während der Zinngehalt im Biotit 200—300 g/t beträgt, sinkt er in dem ihn verdrängenden Muskovit bis auf 20—30 g/t ab. Das allgemeine Schema der Umverteilung der hauptsächlichen gesteinsbildenden Elemente und typomorphen Metalle bei der metasomatischen Überprägung von Graniten ist in Abb. 3 wiedergegeben. Die Kurven der Konzentrationsveränderung sind dort ohne Maßstab wiedergegeben.

Im Gegensatz zu den Erzlagerstätten der juvenilen Gruppe von normalerweise ziemlich streng eingehaltener Zusammensetzung sind die Lagerstätten der betrachteten Gruppe etwas stärker differenziert. Außer den obenbeschriebenen charakteristischen albititischen und Greisenlagerstätten der seltenen Metalle sind in dieser Gruppe unterschiedliche postmagmatische Lagerstätten von Molybdän, Wismut, Arsen, Blei, Zink, Uran, Gold und Silber bekannt. Demnach hat also die Hauptmasse der erzbildenden Elemente der magmatogenen Lagerstätten der Assimilationsgruppe das krustale granitische Magma palingener Entstehung zur Quelle, aus dessen Abkühlungsprodukten sie sich abscheiden oder durch aktive postmagmatische Lösungen extrahiert werden. Neben den typomorphen Metallen, die für diese Gruppe charakteristisch sind, gibt es auch andere Elemente, deren Zusammensetzung sich von einer Erzprovinz zur anderen ändern kann.

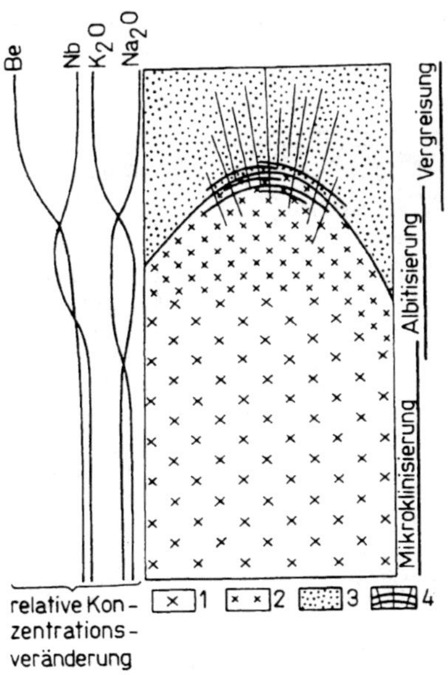

Abb. 3. Schema der Umverteilung einiger Elemente bei der metasomatischen Umwandlung von Graniten

1 – mikroklinisierter Granit, 2 – Albitit, 3 – Dachgesteine, 4 – Greisen

Die Infiltrationsgruppe

Die Zusammensetzung einiger postmagmatischer Erzlagerstätten stellt eine Mischung magmatischer und nichtmagmatischer, aus den Aufstiegswegen der hydrothermalen Lösungen herstammender Substanzen dar. Dieses wurde eindeutig sowohl für petrogene als auch in einzelnen Fällen für metallogene Elemente bewiesen (SMIRNOW 1961).

Tab. 3. Umlagerung typomorpher Metalle im Verlauf der Bildung von Albititen und Greisen in Kasachstan, in g/t nach Angaben von G. N. SCHTSCHERBA, A. A. SITNIN u. a.)

Element	CLARKE-Wert	erzfreier Granit	erzführender Granit	Albitit	Greisen
Nb	2	16	61	1000	keine Angaben
Be	5,5	3	17	72	1000
Li	40	40	140	100	1000
Sn	3	5	26	50	3000
W	1,5	2	60	5	5000

Anmerkung: Die Angaben für Greisen wurden nach dem optimalen Gehalt des Elements im Erz errechnet.

Offensichtlich kann ein noch größerer Anteil nichtmagmatischer aus den Nachbargesteinen stammender Substanzen in telethermalen Lagerstätten in Erscheinung treten. Dieses trifft insbesondere auf die sogenannten schichtförmigen Bleierzlagerstätten zu. Die Diskussion über ihre Genesis, die in den letzten Jahren in vielen Ländern der Erde geführt wurde, erbrachte wertvolle Angaben (BROWN 1967). Die Untersuchung der Bleiisotope von Galeniten dieser Lagerstätten zeigte, daß dann, wenn die erzführenden Formationen durch ältere Gesteine unterlagert werden, in ihnen eine erhöhte Dosis radiogener Isotope auftritt, welche die Lagerstätte gewissermaßen älter macht (Erze vom Typ „j" der amerikanischen Geologen). Hierbei sind zum Beispiel, entsprechend dem Bleiisotopenverhältnis, die Erze des Mississippibeckens (USA), die in unterpaläozoischen Kalken liegen, jetzt als präkambrisch einzustufen. Die Erze des Karatau-Gebirges im westlichen Kasachstan, die in mittelpaläozoischen Gesteinen liegen, werden als unterpaläozoisch angesehen, und die Erze des Höhenzuges Akschijrjak in Zentralkirgisien, die in tertiären Sandsteinen auftreten, zählen nunmehr zu den oberpaläozoischen, wie auch aus Abb. 4 zu ersehen ist (TUGARINOW & SMEJENKOWA 1960, CANNON & PIERCE 1966). Die genannten Geologen nehmen hierbei begründet eine Mobilisation alten, durch erhöhte Kon-

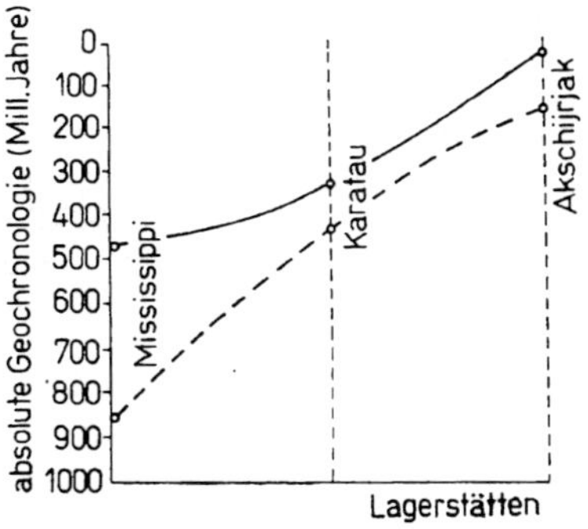

Abb. 4. Alter telethermaler Bleilagerstätten nach geologischen Angaben (ausgezogene Linie) und nach Angaben des Isotopenverhältnisses dieses Metalls (gestrichelte Linie)

zentration an radiogenen Isotopen charakterisierten Bleis auf den Zirkulationswegen der aufsteigenden, erzführenden Lösungen an, wobei dieses erneut in den Galeniten der telethermalen Lagerstätten abgelagert wurde.

Was die Schwefelisotope in den Erzen telethermaler Lagerstätten des Bleis betrifft, so wurde von einer Reihe von Bearbeitern das Auftreten von Sulfatschwefel in den Sulfiden dieser Lagerstätten dargelegt, darunter in der zusammenfassenden Arbeit von M. L. JENSEN & G. DESSAU (1966). In diesem Zusammenhang erklären Geologen in einer Reihe von Ländern (in der Sowjetunion z. B. A. I. GERMANOW 1953) die Frage der Herkunft des Schwefels infolge seiner Mobilisation aus sulfatischen Relikt- oder Erdölwässern. Ein solcher Standpunkt der Herkunft aller erzbildenden Elemente der telethermalen Bleilagerstätten aus dem umgebenden Gestein unter dem Einfluß sie durchfließender konzentrierter sulfathaltiger Schichtwässer, die sich bei der Diagenese aus Evaporiten abscheiden, wird in dem ausführlichen Beitrag von C. F. DAVIDSON (1966) sowie von D. E. WHITE (1968) vertreten, ebenso wie in den Arbeiten von K. C. DUNHAM (1967) und E. ROEDDER (1968). Diese Auffassung kann auch durch die Angaben über rezente Erzbildung aus Mineralwässern Kaliforniens, der Tscheleken-halbinsel und auf dem Grund des Roten Meeres untermauert werden. Trotzdem darf man Fakten, die für die Herkunft der erzbildenden Substanz telethermaler Bleilagerstätten zutreffen, nicht ohne weiteres als auf die telethermalen Lagerstätten anderer Metalle zutreffend ansehen. Diese erfordern zum Verständnis ihrer Genese eine unabhängige Analyse.

Tiefe der Separation erzbildender Substanzen

Wenn die Behauptung begründet ist, die die Herkunft der Erzsubstanz einiger Lagerstätten mineralischer Rohstoffe aus in großer Teufe liegenden juvenilen subkrustalen Magmen annimmt, dann ist auch die Annahme berechtigt, daß ein Teil dieser Lagerstätten, wahrscheinlich ein erheblicher, im oberen Teil der Erdkruste nahe der Erdoberfläche, d. h. also einige Dutzend Kilometer von ihren primären Herden entfernt, abgelagert wurden.

Der Mechanismus der Separation erzbildender Substanzen aus dem basaltoiden Magma und die Teufe seiner Absonderung erklären den Zusammenhang der subkrustalen Quellen der Erzbildung mit den oberflächennahen Erzlagern.

Es können drei mögliche Teufenlagen der Separation der Erzsubstanz aus dem Magma angenommen werden:

1. in großer Teufe in den primären subkrustalen Herden;
2. in mittlerer Teufe in magmatischen Zwischenherden;
3. in geringer Teufe im oberen Teil der Erdkruste, d. h. in der Zone, in der das erzführende Magma kristallisiert (Abb. 5).

In großer Teufe, die bis in subkrustale Räume reicht, separiert sich die erzbildende Substanz wahrscheinlich äußerst selten vom Magma. Möglicherweise kann der Mechanismus der Bildung von Diamantlagerstätten in Kimberlitpipes als Beispiel einer solchen Differentiation dienen. Eine Reihe von Bearbeitern, s. P. A. WAGNER (1917), A. F. WILLIAMS (1932), W. S. SOBOLJEW (1960), G. C. KENNEDY & B. E. NORDLIE (1968), nehmen im Hinblick auf die Besonderheiten der Diamantverteilung im Kimberlit sowie die hohen Druck- und Temperaturparameter, die zur Bildung dieses Minerals erforderlich sind, an, daß sich die Diamanten aus dem ultrabasischen Magma nur in sehr großer Teufe, die zwischen 60 und 390 km angenommen wird, abscheiden können. Danach steigen sie im Verlauf des Eindringens der Kimberlite mit der magmatischen Schmelze in die obere Zone der Erdkruste zusammen mit dieser auf. Bei der Kristallisation der Schmelze bilden sich dann die primären Lagerstätten dieses wertvollen Minerals.

In mittleren Teufen, d. h. in den magmatischen Zwischenherden, erfolgt die Separation erzbildender Substanzen bedeutend häufiger. Das basaltoide Magma unterbricht unter diesen Bedingungen seine Aufstiegsbewegung. Bei einer derartigen Stagnation erfolgt eine Differentiation der magmatischen Schmelze, in deren Verlauf sich erzbildende Substanzen abspalten. Die erzbildende Substanz stellt nur einen äußerst kleinen Anteil des erzführenden Magmas dar. Seine Akkumulation

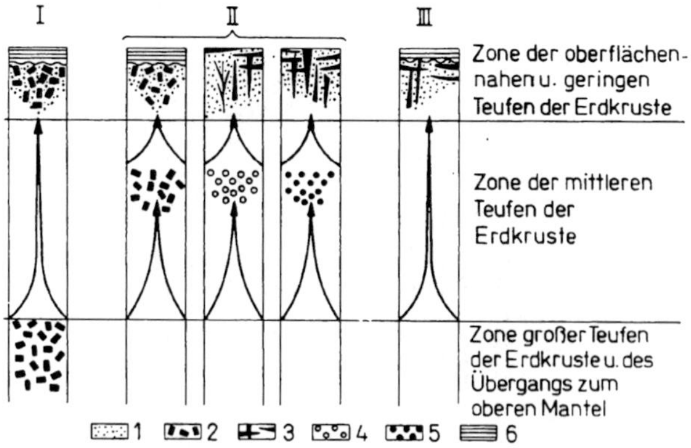

Abb. 5. Schema von Teufenlagen der Abspaltung juveniler erzbildender Substanzen, die mit dem oberen Mantel in Verbindung stehen

I — in großer Teufe in primären subkrustalen Herden, II — in mittlerer Teufe in Zwischenherden, III — in geringer Teufe in oberflächennahen Teilen der Erdkruste

1 — kristallisierende magmatische Gesteine; 2 — erzbildende Substanz in fester, kristalliner Phase; 3 — Erzlager; 4 — erzbildende Substanz in gasförmiger oder flüssiger Lösung; 5 — erzbildende Substanz in einer sich abspaltenden Schmelze; 6 — Sedimenthülle

erfordert Zeit. Deshalb wird erzbildende Substanz in bemerkenswerten Mengen in der Regel erst gegen Ende des Differentiationsprozesses magmatischer Zwischenherde abgesondert und gelangt dann nach Eindringen und Kristallisation eines bedeutenden Teils des bereits früher abgeschiedenen und in dieser Teufe erstarrten silikatischen Schmelzflusses in die obere Zone der Erdkruste. Die Absonderung der erzbildenden Substanzen in den Zwischenherden kann in drei Zustandsphasen erfolgen: 1. in Form fester frühmagmatischer Kristalle; 2. in Form gasförmiger und flüssiger Lösungen; 3. in Form einer Erzschmelze, die sich mit dem silikatischen Teil des Magmas nicht vermischt.

Der erste Fall der vorhergehenden Abscheidung wertvoller frühmagmatischer Kristalle und deren nachfolgendes Eindringen zusammen mit der Schmelze in die obere Zone der Erdkruste gleicht dem Mechanismus der Bildung von Lagerstätten mineralischer Rohstoffe unmittelbar aus in großer Teufe gelegenen subkrustalen Herden. Er wird u. a. auf die Bildung von Diamantlagerstätten in Kimberliten für anwendbar gehalten. Die Gültigkeit eines derartigen Schemas der Bildung diamantführender Kimberlite begründete W. S. Trofimow (1967) mit Funden diamantführender, stark veränderter Hypersten-Plagioklas-Schiefer in den Pipes „Mir" und „New Lands", mit dem Auftreten pyropführender ultrabasischer Gesteine innerhalb präkambrischer Gesteine der ČSSR und Kasachstans und anderen Angaben und nimmt an, daß die Abscheidung der Diamanten aus der magmatischen Schmelze nicht innerhalb des oberen Mantels, sondern erheblich höher, auf den Aufstiegswegen in die obere Krustenzone in Zwischenherden vor sich gegangen ist.

Der zweite Fall der Absonderung erzbildender Substanzen in Form gasförmiger Stoffe oder von Lösungen ist am stärksten verbreitet. Aus den in magmatischen Zwischenherden abgeschiedenen wäßrigen Lösungen dieser oder jener Zusammensetzung entstehen unterschiedliche Lagerstätten. Zu ihnen gehören: 1. die Lagerstätten des Eisens, des Kupfers und anderer Elemente in Skarnen, die mit Plagiogranit-Syenit-Formationen früher Stadien des Geosynklinalzyklus in Verbindung stehen; 2. Lagerstätten kiesiger Erze des Kupfers, des Zinks und anderer Metalle, die mit der Spillit-Keratophyr-Formation des gleichen Geosynklinalstadiums assoziiert sind; 3. verschiedene Lagerstätten seltener und Buntmetalle in Karbonatiten ultrabasischer, alkalischer Gesteine der Plattformetappe der geologischen Evolution.

Der dritte Fall der Abscheidung einer Erzschmelze aus dem Magma ist für die Bildung eines Teiles der magmatischen sulfidischen Kupfer-Nickel-Lagerstätten sowie für einige Karbonatite wahrscheinlich. Seinerzeit lenkte W. K. Kotulskij die Aufmerksamkeit auf den Widerspruch zwischen dem relativ kleinen Volumen erzführender Lopolithe und den ihren Ausmaßen nach bedeutenden Lagern von sulfidischen Kupfer-Nickel-Lagerstätten, die mit diesen verknüpft sind. Er kam zu der Schlußfolgerung, daß eine derartige Relation nicht durch Abspaltung der Erzschmelze am Ort der Kristallisation der Lopolithe erklärt werden kann, und nahm eine vorhergehende Verflüssigung des erzhaltigen Magmas in größerer Teufe in den Zwischenherden und ein nachfolgendes Eindringen zunächst des silikatischen und danach des sulfidischen Teiles an. Nach dem gleichen Schema bilden sich die Lagerstätten mineralischer Rohstoffe in Karbonatiten, deren Bildung mit einer spezifischen karbonatischen Schmelze im Zusammenhang steht. Nach Untersuchungen an den schwedischen Karbonatiten von Alnø durch H. v. Eckermann (1960) und nach Beobachtungen von Ausflüssen karbonatischer Laven an rezenten Vulkanen Afrikas gibt es bei der Mehrzahl der Geologen heute keinen Zweifel mehr darüber, daß verschiedene karbonatische Lagerstätten infolge Erstarrung einer magmatischen karbonatischen Schmelze entstehen. Eine derartige Schmelze dringt aus den Zwischenherden gegen Ende eines lang andauernden Zyklus der Bildung von Massiven ultrabasischer, alkalischer Gesteine des Zentraltyps in die oberen Teile der Kruste ein.

Wir verfügen zur Zeit nicht über erschöpfende Angaben über die Teufenlagen von Zwischenherden des basaltoiden Magmas. H. v. Eckermann bestimmt für die Karbonatite von Alnø diese Teufe auf Grund einer scharfsinnigen Analyse des Einfallwinkels von ringförmigen Gesteinsgängen zum Zeitpunkt der Erzbildung auf 4—9 km unter der Erdoberfläche. W. S. Trofimow schätzt diese Teufe für die diamantführenden Kimberlite auf 1,5—4 km.

In geringer Teufe, in oberfächennahen Gebieten der Erdkruste an den Stellen, wo zur Erdoberfläche aufgestiegene basaltoide Magmen kristallisieren, spaltet sich die erzbildende Substanz ab, die in die Bildung der Mehrzahl magmatischer Lagerstätten von Chromiten, Titanomagnetiten, Platinoiden und eines gewissen Teiles sulfidischer Kupfer-Nickel-Lagerstätten eingeht. Unter diesen Bedingungen erreicht das erzführende basaltoide Magma bei seinem Aufstieg aus subkrustalen Teufen die obersten Horizonte der Erdkruste und spaltet hier im Verlauf der Kristallisationsdifferentiation und Liquidation die ursprüngliche Erzsubstanz entweder in Form einer festen Phase der wertvollen Minerale ab, die an Lager frühmagmatischer Lagerstätten gebunden sind, oder in der Form einer Erzschmelze, die spätmagmatische Lagerstätten bildet.

Das dargelegte Schema der Bildung von Erzlagerstätten in den oberen Teilen der Erdkruste als Folge von in großer Tiefe liegenden subkrustalen Ursprungsräumen der Metalle darf nicht für den ganzen Umfang der endogenen Erzbildung als unbedingt gültig angesehen werden. Es vernachlässigt viele Seiten dieses vielschichtigen Prozesses, der mit unterschiedlichen Quellen der erzbildenden Stoffe verknüpft ist und seine Widerspiegelung im Auftreten von Erzlagerstätten, die mit hypoabyssischen Granitoiden, mit Vulkaniten, mit der regionalen und lokalen Metamorphose sowie mit nichtmagmatischen mineralisierten Lösungen verknüpft sind.

In der vorstehenden Darstellung einer Reihe bedeutender Probleme und Aspekte der Erzlagerstättengenese wurde auf den Mechanismus des Aufstiegs des erzführenden Magmas aus subkrustalen Teufen zu den Zwischenherden und noch weiter in die obere Zone der Erdkruste sowie die tektonisch-magmatischen Voraussetzungen dieser Erscheinung eingegangen. Insbesondere wurden die physikochemischen Regeln dieses Prozesses als Ganzes sowie die Abspaltung erzbildender Substanzen vom Magma behandelt. Es wurden auch nicht jene Fragen magmatischer und postmagmatischer

Überschneidungen berührt, die die Einzelheiten der Erzbildung beeinflußten.

Metallogenetische Zonen

Es ist bekannt, daß im Verlauf der Umwandlung von Geosynklinalen in gefaltete Gebiete und später in Plattformen die dabei auftretenden Gruppen magmatischer Gesteinsformationen und der in sie eingestreuten endogenen Erzlagerstätten in ganz bestimmten tektonischen Zonen lokalisiert sind, wobei hinsichtlich der Anordnung der endogenen Erzbildungsprodukte eine bestimmte Reihenfolge eingehalten wird und die bekannte zonare Verteilung der Erzlagerstätten entsteht. Ohne eine eingehende Analyse dieser zonaren Verteilung der Erzlagerstätten vorzunehmen, die auf Grund verschiedener Typen von Geosynklinalen auftreten, wird die Aufmerksamkeit besonders auf die Veränderung der Quellen und Herkunft erzführender Substanzen beim Übergang von einer metallogenetischen Zone zur anderen gerichtet. Von diesem Standpunkt aus können vier Zonen als die am stärksten kontrastierenden betrachtet werden: 1. die eugeosynklinalen Grenztiefenbrüche; 2. die eugeosynklinalen Tröge; 3. die miogeosynklinalen Senken; 4. die Antiklinorien der schwach aktivierten Plattformen.

Die eugeosynklinalen Grenztiefenbrüche trennen die Geosynklinaltröge, die mit vulkanogenen und sedimentären Massen gefüllt sind, von den Zwischengebirgszonen mit granitoidischen Intrusionen innerhalb derselben. Diese Brüche sind tief angelegt, wodurch in den frühen Stadien des geosynklinalen Zyklus auf ihnen subkrustales Magma aufsteigen kann, wobei Massive peridotitischer Formationen mit magmatischen Lagerstätten des Chroms, des Osmiums und des Iridiums sowie Gabbroformationen mit magmatischen Lagerstätten der Titanomagnetite und der übrigen Platinoiden gebildet werden. In Verbindung damit treten Gürtel von Lagerstätten auf, deren erzbildende Substanzquelle ausschließlich das basaltoide subkrustale Magma bildet. Als ausgezeichnetes Beispiel hierfür können die bekannten Gürtel ultrabasischer und basischer Intrusiva dienen, die sich längs der Grenze der Grünsteinzone des Urals hinziehen.

Die eugeosynklinalen Tröge sind durch das in ihrem Bereich in frühen Stadien des Geosynklinalzyklus geförderte subkrustale basaltoide Magma charakterisiert, das durch submarine vulkanogene Gesteine mit Kieserzen sowie durch plutonogene Plagiogranite und Plagiosyenite mit Skarnlagerstätten des Eisens und des Kupfers vertreten sind. Oben wurde die Aufmerksamkeit auf die Tatsache gelenkt, daß die Feststellung der Quellen erzbildender Substanzen für die Lagerstätten dieser beiden Formationsgruppen mehr Anstrengungen erfordert, als für die Formation der obenbeschriebenen Tiefenbrüche des gleichen Stadiums aufgewandt werden müssen. Gleichzeitig wurde gezeigt, daß die gemeinsame Quelle der erzbildenden Elemente sowohl der Kies- als auch der entsprechenden Skarnlagerstätten subkrustale Stoffe sind. Sie werden lediglich manchmal durch die Extraktion einiger Elemente aus den umliegenden Gesteinen tiefenmagmatischer basaltischer Entstehung bei deren Zersetzung durch chemisch aktive postmagmatische gasförmige und flüssig-wäßrige Lösungen ergänzt. So sind in den metallogenetischen Zonen der eugeosynklinalen Tröge den juvenilen subkrustalen Massen endogener Erzlagerstätten oftmals örtlich umgelagerte Substanzen, die aus den Nebengesteinen stammen, beigemengt.

Die miogeosynklinalen Senken und die an ihrer Stelle in der Periode der Hauptfaltungsphasen entstehenden zentralen Aufwölbungen bilden die Arena für die Entwicklung von Granitoiden der mittleren und späteren Stadien des geosynklinalen Zyklus der geologischen Entwicklung. Nach der Herkunft und den Quellen der erzbildenden Substanz unterscheiden sie sich stark von den beiden obenbeschriebenen metallogenetischen Zonen. Hier ist nicht die juvenile Substanz des subkrustalen Magmas vorherrschend, sondern die Masse sauren palingenen Magmas der Erdkruste, das im Verlauf seiner Entstehung den ganzen Komplex chemischer Elemente der aufgeschmolzenen Gesteine assimiliert, jedoch zur Bildung der sie begleitenden endogenen Erzlagerstätten nur jene abgab, die den physikochemischen Bedingungen ihrer Konzentration im Verlauf der Erstarrung dieses Magmas entsprachen. Die metallogenetischen Zonen der Verteilung granitischer Gesteine sind außer durch solche typomorphen Elemente wie Zinn, Wolfram, Beryllium, Lithium, Niob und Tantal auch durch das Auftreten anderer Metalle charakterisiert, deren Zusammensetzung sich von einer Erzprovinz zur anderen in Verbindung mit den Besonderheiten der chemischen Zusammensetzung der Gesteine, die das Ausgangsmaterial für die palingenen Granitoide bildeten, in dem bekannten Maße verändern kann.

Die Antiklinorien der schwach aktivierten Plattformen werden örtlich von großen telethermalen (schichtförmigen) Lagerstätten von Bleierzen begleitet. Nach der Herkunft der erzbildenden Substanzen unterscheiden sie sich noch stärker von den Lagerstätten, die aus dem juvenilen subkrustalen Magma entstehen, wobei sie sich darüber hinaus auch von den Lagerstätten der granitoiden Zonen unterscheiden. Entsprechend den obigen Ausführungen besteht Grund zu der Annahme, daß nichtmagmatische Quellen erzbildender Substanzen, wenn auch möglicherweise nur für einen Teil solcher Lagerstätten, eine erhebliche Rolle spielen und daß sie als Produkte chemisch aktiver unterirdischer Wässer zu betrachten sind, die in der Tiefe zirkulieren und erzbildende Verbindungen aus unterlagernden oder umgebenden Gesteinen mobilisieren.

Zusammenfassung

Es werden drei Gruppen der Herkunft der Erzsubstanz unterschieden, welche in die endogenen Lagerstätten mineralischer Rohstoffe eingeht: 1. eine juvenile, die mit dem subkrustalen Magma basaltoider Zusammensetzung verknüpft ist; 2. eine Assimilationsgruppe, welche sich von palingenem Magma der Erdkruste, vorzugsweise granitoider Zusammensetzung, herleitet; 3. eine Infiltrationsgruppe, welche durch die Mobilisation erzbildender Substanzen auf den Zirkulationswegen chemisch-aktiver, hydrothermaler Lösungen unterschiedlicher Entstehung (magmatogen, metamorphogen, exogen) gebildet wird. Es werden drei Teufenlagen der Separation von Erzsubstanz aus dem Magma charakterisiert: 1. in großer Teufe in subkrustalen Herden; 2. in mittlerer Teufe in magmatischen Zwischenherden;

3. in geringer Teufe im oberen Teil der Erdkruste, wo die Kristallisation des erzführenden Magmas erfolgt. Hierbei bedingen eugeosynklinale Grenztiefenbrüche die Verteilung der magmatischen Lagerstätten basaltoiden, subkrustalen Magmas. Die eugeosynklinalen Tröge umfassen Lagerstätten mit Beimengung von Substanz der Nebengesteine. Die miogeosynklinalen Senken umfassen postmagmatische Lagerstätten von Granitoidgesteinen, und in den Aufwölbungen aktivierter Plattformen werden Lagerstätten mit nichtmagmatischer Erzsubstanz angetroffen.

Резюме

Выделяются три группы источников вещества, идущего на формирование эндогенных месторождений полезных ископаемых: 1) *ювенильная*, связанная с подкоровой магмой базальтоидного состава; 2) *ассимиляционная*, определяющаяся палингенной магмой земной коры, преимущественно гранитоидного состава; 3) *фильтрационная*, обусловленная мобилизацией рудообразующих веществ на путях циркуляции химически активных гидротермальных растворов различного происхождения (магматогенного, метаморфогенного, экзогенного). Характеризуются три уровня сепарации рудного вещества из магмы: 1) на большой глубине в подкоровых очагах; 2) на средней глубине в промежуточных магматических очагах; 3) на малой глубине в верхней части земной коры в зоне раскристаллизации рудоносной магмы. При этом эвгеосинклинальные пограничные глубинные разломы контролируют размещение магматических месторождений базальтоидной подкоровой магмы, эвгеосинклинальные троги охватывают месторождения с примесью вещества окружающих пород, миогеосинклинальные прогибы охватывают постмагматические месторождения гранитоидовых пород, а в чехлах активизированных платформ встречаются месторождения с немагматическим рудным веществом.

Summary

Three groups of sources of ore substance entering into the formation of endogenic deposits of mineral raw materials are distinguished: 1. a juvenile one connected with the subcrustal magma of a basaltoid composition; 2. a group of assimilation derived from palingenetic magma of the earth's crust, mainly of a granitoid composition; and 3. a group of infiltration formed by the mobilization of ore-forming substances on the circulating roads of chemically active hydrothermal solutions developed differently (i. e. of a magmatogenic, metamorphogenic or exogenic origin). Three positions of depth are characterized for a separation of the ore substance from the magma: 1. at a large depth in subcrustal focuses; 2. at a medium depth in magmatic intermediate focuses; and 3. at a low depth in the upper part of the earth's crust, where the crystallization of the ore-bearing magma takes place, with a distribution of magmatic deposits containing basaltoid, subcrustal magma conditioned by eugeosynclinal limiting depth fractures. The eugeosynclinal synclines include deposits admixed with the substance of wall rocks. The miogeosynclinal depressions comprise postmagmatic deposits of granitoid rocks, and in the uplifts of activated platforms deposits with a non-magmatic ore substance are found.

Literatur

ANGER, G., H. NIELSEN, H. PECHELT & W. RICKE: Sulfur isotopes in the Rammelsberg ore deposit (West Germany). — Econ. Geol., Nr. 3 (1966).

AULT, W. U., & J. L. KAPL: Sulfur isotopes and ore deposits. — Econ. Geol., Nr. 1 (1960).

BARSUKOW, W. L.: Geochemische Besonderheiten der Bildung sulfidisch-kassiteritischer Lagerstätten. Probleme der Metallogenie des sowjetischen Fernen Ostens. — Nauka (1967).

BORCHERT, H. T.: Geosynklinale Lagerstätten, was dazu gehört und was nicht dazu gehört, sowie deren Beziehungen zu Geotektonik und Magmatismus. — Freiberger Forsch.-H., C 79 (1960).

BROWN, J. S.: Isotopic soning in lead ores of Mississippi Valley type. — Abstr. Sympos. Origin Ores Lead, Zinc, Barite and Fluorite (1966).

BUSCHENDORF, F., H. NIELSEN, H. PUCHELT & W. RICKE: Schwefel-Isotopenuntersuchungen am Pyrit-Sphalerit-Baryt-Lager Meggen—Lenne (Westdeutschland) und an verschiedenen Devon-Evaporiten. — Geochim. et cosmochim. Acta, Vol. 27, Nr. 5 (1963).

CANNON, R. S., & A. P. PIERCE: Evidence from lead isotopes bearing on genesis of ore deposits of the Mississippi Valley type. — Abstr. Sympos. Origin. Ores Lead, Zinc, Barite and Fluorite (1966).

CROCKET, R. N., & R. MASON: Foci of mantle disturbance in Southern Africa and their economic significance. — Econ. Geol., Nr. 5 (1968).

DAVIDSON, C. F.: Some genetic relationships between ore deposits and evaporites. — Trans. Inst. Min. and Metall., b. 75 (1966).

DUNHAM, K. C.: Role of juvenile solutions, connate waters and evaporitic brines in the genesis of lead-zinc-fluorine-barium deposits. — Trans. Inst. Mining and Metall., London 1967.

ECKERMANN, H. v.: Contributions to the knowledge of the alkaline dikes of the Alno region. 1—3 Arkiv för Min. och Geol., Bd. 2, Nr. 41 (1960).

GAVELIN, S., A. PATWEL & R. RYHAGE: Sulfur isotope fractionation in sulfide mineralisation. — Econ. Geol., Nr. 3 (1960).

GRINENKO, L. N.: Isotopenbestand des Schwefels von Sulfiden der Kupferkieslagerstätte Sibaj (südlicher Ural). — Geol. rudn. mestoroshd., Nr. 5 (1963).

GRINENKO, L. N., W. A. GRINENKO & I. W. LJACHNITZKAJA: Isotopenbestand des Schwefels von Sulfiden der Kupfer-Nickel-Lagerstätten der Halbinsel Kola. — Geol. rudn. mestoroshd., Nr. 4 (1967).

JENSEN, M. L., & G. DESSAU: The bearing sulfur isotopes on the origin of Mississippi Valley type deposits. — Abstr. Sympos. Origin Ores Lead, Zinc, Barite and Fluorite (1966).

KENNEDY, G. C., & B. E. NORDLIE: The genesis of diamond deposits. — Econ. Geol., Nr. 5 (1968).

KROPOTOWA, O. I.: Die Lösung einiger Fragen der Geochemie des endogenen Kohlenstoffs nach Isotopenangaben C^{12}/C^{14}. — Symposium über die Anwendung stabiler Isotope in der Geologie. — Tes. Dokl., Moskau 1966.

PETROWSKAJA, N. W., & L. N. GRINENKO: Untersuchungen des Isotopenbestandes der Elemente in Verbindung mit Fragen der Genese von Erzlagerstätten. — Geol. rudn. mestoroshd., Nr. 2 (1962).

POLJAKOW, G. W.: Erscheinungen der Eisenmobilisation bei der Bildung der endogenen Magnetitlagerstätten Südsibiriens. — Geol. rudn. mestoroshd., B. 1 (1967).

PROKIN, W. A., W. M. RUDAKOW & N. N. SOLODKIJ: Metasomatische Gesteine der Kieslagerstätten des südlichen Urals. — Tr. 1, Uralskogo petrogr. sowestsch., Tom 2, Swerdlowsk 1963.

ROEDDER, E.: Temperature, salinity and origin of the ore-forming fluids of Pine Point, Northwest territories, Canada, from fluid inclusions studies. —Econ. Geol., Nr. 5 (1968).

SAGATELJAN, E. A., & L. N. GRINENKO: Neue Angaben über den Isotopenbestand des Schwefels in den Pyriten der Kieslagerstätten des nördlichen Armeniens. — DAN Arm. SSR, Tom 39, No. 1 (1964).

SKRIPTSCHENKO, N. S., N. W. WESSELOWSKIJ & A. P. ALEKSEJEW: Isotopenbestand des Schwefels in den Pyriten der Kupferkieslagerstätten des nördlichen Kaukasus. — Isd. AN SSSR, ser. geol., Nr. 5 (1963).

SMIRNOW, W. I.: The sources of ore-forming material. — Econ. Geol., Nr. 4 (1968).

— Kieslagerstätten. In: Genesis endogener Erzlagerstätten. — Nedra (1968).

SOBOLJEW, W. S.: Die Bildungsbedingungen von Diamantlagerstätten. — Geol. i. geofis., Nr. 1 (1960).

STEINER, A., & T. RAFTER: Sulfur isotopes in pyrite, pyrrhotite, alunite and anhedrite from Steem wells in the Taupo volcanic zone, New Zealand. — Econ. Geol., Nr. 6 (1966).

STOLL, W. C.: Metallogenetic provinces of magmatic parentage. — Min. Mag., Nr. 5 (1965).

STRACHOW, L. G.: Verteilung der Kimberlit- und Basalt-(Dolerit-)pipes der Sibirischen Plattform in Abhängigkeit vom Bau der Erdkruste. — DAN SSSR, Tom 179 (1968).

SCHTSCHERBA, G. N., W. D. GUKOWA, A. W. KUDRJASCHOW & N. P. SENTSCHILO: Greisen, Gangquarze und Kalifeldspäte der Molybdän-Wolfram-Lagerstätten Kasachstans. — Isd. AN Kasach. SSR (1964).

TATSUO TATSUMO: Sulfor isotopic fractionation between co-existing sulfide minerals from some Japanese ore deposits. — Econ. Geol., Nr. 8 (1965).

TROFIMOW, W. S.: Die Hauptgesetzmäßigkeiten der Verteilung und Bildung von Diamantlagerstätten auf alten Plattformen und in Geosynklinalbereichen. — Nedra (1967).

TUGARINOW, A., & A. SMEJENKOWA: Über die Quellen der Erzsubstanz bei endogener Erzbildung. — Sow. geol., Nr. 4 (1960).

WAGNER, P. A.: The diamond fields of Southern Africa. — (1917).

WINOGRADOW, A. P., & L. N. GRINENKO: Über den Einfluß des Nebengesteins auf die Isotopenzusammensetzung des Schwefels von Sulfiderzen. — Geochimija, Nr. 6 (1964).

WINOGRADOW, A. P., M. S. TSCHUPACHIN & W. A. GRINENKO: Die Isotopenverhältnisse S^{32}/S^{34} in Sulfiden. — Geochimija, Nr. 4 (1956).

WINOGRADOW, W. I.: Schwefelisotope und Probleme der Erzbildung, Symposium über die Anwendung stabiler Isotope in der Geologie. — Tes. Dokl., Moskau 1966.

Zu einem Lagerstättenplanungsmodell im Kupferschieferbergbau

CLAUS FREESE, WOLFGANG JUNG & GÜNTER MEYER, Sangerhausen

1. Einleitung

Für einige wichtige Fragen der ökonomischen Geologie fehlen im Kupferschieferbergbau noch immer wissenschaftlich fundierte Grundlagen. Dazu gehören die Problemkreise des Umfangs der geologischen Erkundung und der geologisch-ökonomischen Bewertung der Lagerstätte für Entscheidungsfindungen zur Bestimmung der Bilanzwürdigkeit eines Vorrats bzw. von Teilen desselben.

Die seit Jahren geführten Untersuchungen über Teilprobleme, wie Probenabstände, Konditionen, „Wertung" von Vorratsklassen für die bergmännische Planung und andere, haben erkennen lassen, daß eine erschöpfende Lösung nur durch ein dem komplexen dynamischen Charakter Rechnung tragendes Lagerstättenplanungsmodell erreicht werden kann.

Diese Arbeiten haben jetzt einen Stand erreicht, der es uns einerseits erlaubt, mit der Bekanntgabe der erzielten Ergebnisse zu beginnen, der aber andererseits zur sinnvollen Fortsetzung der Arbeiten dringend der Prüfung durch die Fachwelt bedarf.

2. Geologische Kurzcharakteristik der Lagerstätte

Obwohl in mehreren Arbeiten jüngeren Datums (vgl. z. B. FREESE & JUNG 1965, JUNG 1965, KNITZSCHKE 1966 und Autorenkollektiv 1968) die geologischen Verhältnisse der Kupferschieferlagerstätte dem jetzigen Kenntnisstand entsprechend beschrieben und interpretiert wurden, ist es zum Verständnis bzw. zur raschen Orientierung sicher zweckmäßig, das für die hier zu behandelnde Problematik Wesentlichste kurz herauszustellen.

Das Normalprofil der Vererzungszone ist nebenstehend wiedergegeben.

In Bereichen von Sandsteinanschwellungen kann sich die Mächtigkeit von T 1 und den Liegendpartien von Ca 1 z. T. erheblich reduzieren.

Eine Kupfervererzung kann in der gesamten vorstehend angegebenen Folge auftreten. Wichtigstes erzkontrollierendes Merkmal ist die zumeist im unmittelbaren Liegenden des Kupferschiefers und an der Basis der Fäule in unterschiedlicher Intensität auftretende Rotfärbung (sog. Rote Fäule). Es gilt: „rotgefärbte Bereiche" = Metallarmut bzw. vollständige Vertaubung; unmittelbare vertikale und laterale Randbereiche = Kupferanreicherung; in variabler Entfernung von der Roten Fäule wird die Kupfervererzung von einer Blei-Zink-Mineralisation überlagert und abgelöst (vertikales und laterales zoning). Für große Feldesteile ist die Konzentration von Kupfer in den unteren drei bzw. vier Lagen charakteristisch. Stellenweise bzw. vereinzelt tritt neben der in das Schichtgefüge eingeregelten Normalvererzung noch eine Erzmineralisation auf Gangspalten auf, die im wesentlichen aus Kupfer-Blei-Zink-Sulfiden und (oder) Kobalt-Nickel-Arseniden besteht, die der Mansfelder Bergmann „edle Rücken" nennt.

Es wäre noch darauf hinzuweisen, daß die Probenahme in Ausrichtungsstrecken und im Abbau in Abhängigkeit von der Feinstratigraphie erfolgt, d. h., jede Lage wird einzeln beprobt. Schwarze Berge und Dachklotz werden mitunter halbiert, und die Fäule wird erforderlichenfalls in Abständen von 10 bzw. 20 cm beprobt.

Normalprofil der Vererzungszone

Zone	Subzone		Mächtigkeit m
Zechsteinkalk (Ca 1)	α: α_2	Sandiger Kalkmergel bis sandiger Mergelstein mit fieder- und sichelförmigen Anhydriteinlagerungen (= Fäule)	1,20 – 1,40
	α: α_1	Sandig-toniger Kalk- bis sandiger Kalkmergelstein mit Pyritbohnen und Anhydritperlen (= Dachklotz)	0,15 – 0,20
Kupferschiefer (T 1)	ε	Mergel und Tonmergel, schwach bis mäßig kohlenstoffhaltig (= Schwarze Berge)	0,12 – 0,17
	δ	Mergel mit Tonmergel, schwach bis mäßig kohlenstoffhaltig (= Schieferkopf)	0,10 – 0,12
	γ	Tonmergel bis Mergel, stark kohlenstoffhaltig (= Kammschale)	0,025 – 0,04
	β	Sandig-kalkiger Ton bis Tonmergel, stark kohlenstoffhaltig (= Grobe Lette)	0,06 – 0,09
	α	Verunreinigter bis sandiger, stark kohlenstoffhaltiger Ton (= Feine Lette)	0,02 – 0,04
„Weißliegendes" (Z 1 S) bzw. „Zechsteinkonglomerat" (Z 1 C) resp. oberstes Oberrotliegendes		Sandstein, meist feinkörnig, mit Mittel- und Grobsandkomponenten und teilweise eingelagerten Tonschmitzen, karbonatisch bzw.	0,10 – üb.10,0
		Konglomerat, fein- bis grobkiesig, teilweise mit Sandeinlagen, fein- bis grobkörnig, karbonatisch	1,0 – 4,0

3. Zum Lagerstättenmodell

3.1. Vorbemerkungen

Die in der Einleitung aufgeworfenen Probleme verlangen nicht nur die Berechnung von Mittelwerten, wie sie in den üblichen Erzvorratsberechnungen vorgenommen wird, sondern darüber hinaus die Festlegung der Veränderlichkeit und Genauigkeit sämtlicher kosten-

Eingang des Manuskripts in der Redaktion: 5. 5. 1969.

wirksamen geologischen Faktoren. Die allseitige Verknüpfung dieser Faktoren führt schließlich zum Lagerstättenmodell.

Das für die Ermittlung eines geeigneten Lagerstättenmodells ausgewählte reichlich 30 km² große Gebiet aus dem Zentralteil der Mansfelder Mulde (vgl. Abb. 1) ist dadurch gekennzeichnet, daß es bereichsweise alle vorstehend skizzierten wichtigsten Lagerstättenelemente enthält. So tritt die Rote Fäule relativ großflächig im Osten und inselförmig im Westen des Untersuchungsgebietes auf, während im Südteil Blei-Zink-Tendenz festzustellen ist. Ferner sind einige „edle Rücken" und Sandsteinanschwellungen mit den vorstehend genannten Begleiterscheinungen vorhanden, so daß das ausgewählte Areal insgesamt als repräsentativ für den gesamten Lagerstättentyp gelten kann.

Die über das gesamte Untersuchungsgebiet annähernd regelmäßig verteilten rd. 580 Probenprofile entsprechen einem Probenabstand von rd. 250 m. Bedingt durch den Verlauf der Ausrichtungsstrecken, aus denen der Hauptteil der Proben stammt, entspricht die Probenauswahl allerdings keinem regelmäßigen quadratischen Netz (s. Abb. 1).

Wie aus dem Bemusterungsmaterial im Kupferschiefer sowohl des Mansfelder als auch des Sangerhäuser Raums entnommen werden konnte, weist von den nach Stichprobenverfahren ermittelten Kennziffern Mächtigkeit, Kupfergehalt und Gesteinsdichte der Kupfergehalt die weitaus größte Streuung in den Einzelwerten auf. Die hier vorliegende Untersuchung[1]) beschränkt sich deshalb zunächst auf diesen Parameter. Eine weitere Komplettierung muß späteren Arbeiten vorbehalten bleiben.

Die für die praktische Arbeit im Bergbau vorhandenen Berechnungen der durchschnittlichen Kupfergehalte eines Probenprofils können hier nicht verwendet werden, da in diese die Mächtigkeit der einzelnen Lagen als Gewicht eingeht. Um die damit entstehenden Überlagerungen zweier Varianzen zu eliminieren, wurde die Untersuchung entsprechend der Lageneinteilung des Kupferschiefers vorgenommen. Die Schwarzen Berge wurden nicht berücksichtigt, da infolge der meist geringen Vererzung vor allem in den Feldesteilen, in denen vor Jahrzehnten Bergbau umging, nur lückenhaft Proben vorliegen.

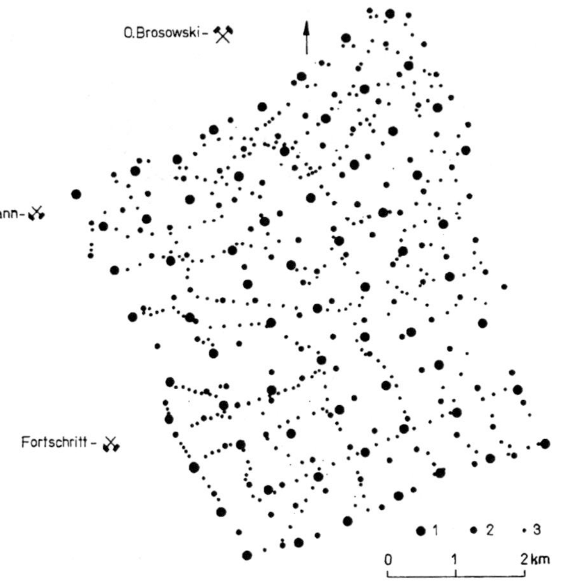

Abb. 1. Auswahl der Probenahmepunkte im Untersuchungsgebiet der Mansfelder Mulde

1 — Probenabstand 1000 m, 2 — Probenabstand 500 m, 3 — Probenabstand 250 m

Bei der Beurteilung der Veränderlichkeit eines Lagerstättenparameters ist grundsätzlich zu berücksichtigen, daß gesetzmäßige und zufällige Anteile den Charakter des Veränderlichkeitstyps bestimmen. Danach kann die Verteilung eines Lagerstättenparameters als gesetzmäßiger oder zufälliger Typ bzw. Mischtyp bezeichnet werden (STAMMBERGER 1966).

Mathematisch eindeutig definiert sind jedoch nur der gesetzmäßige und der zufällige Veränderlichkeitstyp, die als Grenzfälle des Mischtyps aufgefaßt werden können. Die Problematik bei der Bearbeitung von Mischtypen, zu dem auch die Lagerstätte des Kupferschiefers gehört, besteht deshalb darin, diese beiden Bestandteile zu trennen und anschließend differenziert zu untersuchen.

Mathematisch läßt sich eine Mischverteilung durch folgende Beziehung ausdrücken:

$$M = f(G) + Z \tag{1}$$

Hierin bedeuten:

G — die gesetzmäßige Komponente (Trendfunktion), die einen regionalen Zusammenhang widerspiegelt und eine noch nicht näher bestimmbare polynome Form aufweist. Geologisch wird dieser Anteil durch die Beziehung der Kupferführung zu paläomorphologischen Verhältnissen und damit zur Roten Fäule einerseits und zur Blei-Zink-Führung andererseits gekennzeichnet sein;

Z — die zufällige Komponente einschließlich der gesetzmäßigen Zusammenhänge lokaler Bedeutung und gegebenenfalls einschließlich des Einflusses zufälliger Fehler aus der Probenahme und Probenbearbeitung.

3.2. Isoliniendarstellung

Da zunächst keine genauen Vorstellungen über das Verhalten der gesetzmäßigen Komponente bestanden, wurde versucht, diese durch die in der Geologie allgemein übliche Methodik der Isoliniendarstellung hervorzuheben. Dadurch wird eine Klassifizierung des Gesamtfeldes in Teilbereiche unterschiedlicher Kupfergehalte vorgenommen und der regionale gesetzmäßige Anteil durch eine Treppenfunktion näherungsweise erfaßt.

Der bei der Festlegung der Isolinienabstände und der Konstruktion ohne Zweifel vorhandene subjektive Einfluß wird durch die sehr hohe Probendichte in engen Grenzen gehalten.

Die Isolinienabstände wurden experimentell ermittelt, woraus folgende Gehaltsklassen resultieren:

0 — 5 kg/t	20 — 40 kg/t
5 — 20 kg/t	und > 40 kg/t

Durch diese Klassenbreiten konnten noch ohne Schwierigkeiten zusammenhängende größere Bereiche ausgehalten werden, wie durch die Abb. 2—5 veranschaulicht

[1]) Es wurden im wesentlichen elektrolytisch ermittelte Werte verwendet. Durch laufende Kontrollbestimmungen in den Labors ist garantiert, daß die hier getroffenen Aussagen nicht durch fehlerhafte Bestimmung beeinträchtigt werden.

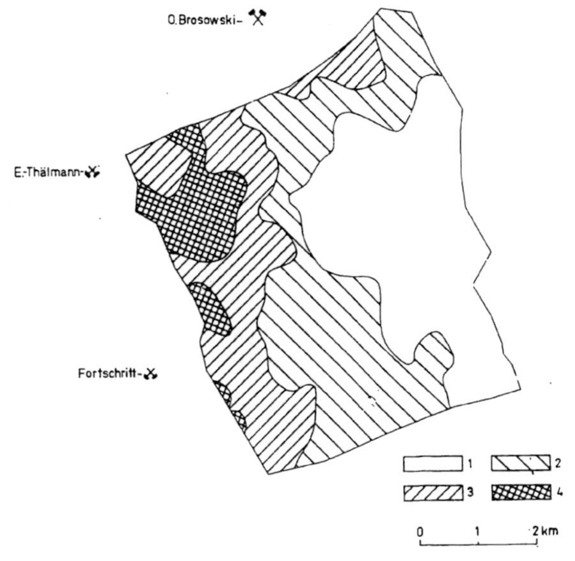

Abb. 2. Feine Lette: Kupfergehaltsklassen nach der Isolinienmethode

1 – Bereich < 5 kg/t, 2 – Bereich 5–20 kg/t, 3 – Bereich 20–40 kg/t 4 – Bereich > 40 kg/t

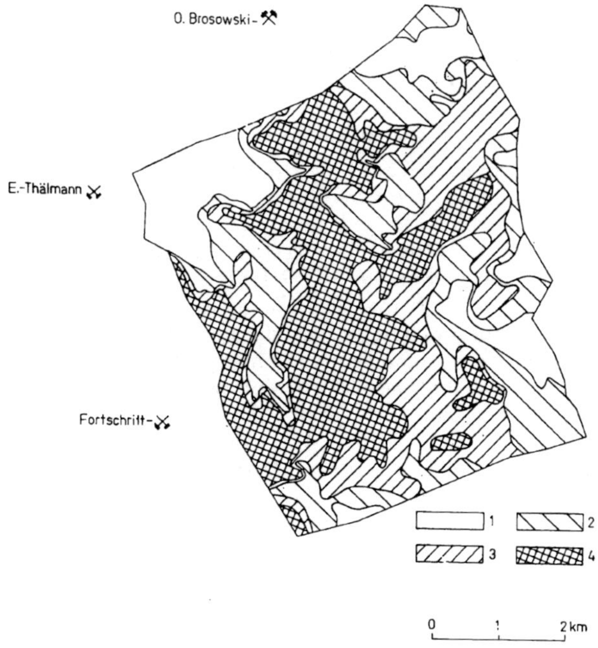

Abb. 4. Kammschale: Kupfergehaltsklassen nach der Isolinienmethode

1 – Bereich < 5 kg/t, 2 – Bereich 5–20 kg/t, 3 – Bereich 20–40 kg/t, 4 – Bereich > 40 kg/t

wird. Bei der Konstruktion ist durch visuelles Ausgleichen eine starke Zerlappung der Isolinien vermieden worden. Innerhalb der Isolinienbereiche liegende isolierte Werte, die die betreffende Klassenbreite überschreiten, wurden der Zufallskomponente zugeordnet. Der Versuch einer Verdichtung der Isolinien und damit eine Verringerung der Klassenbreite, die für eine bessere Hervorhebung des gesetzmäßigen Verhaltens der Kup-

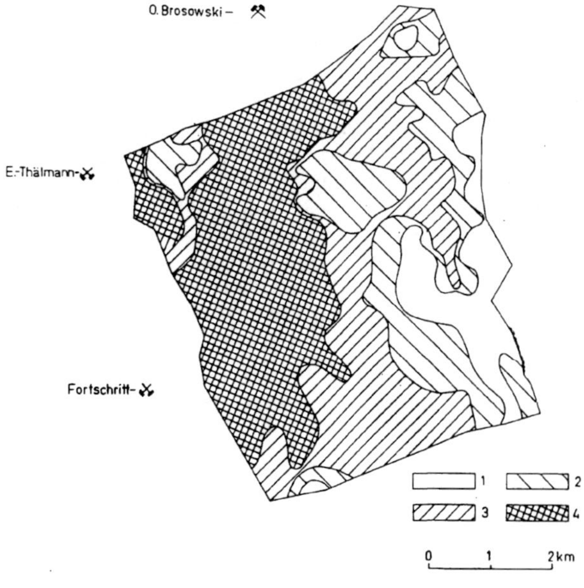

Abb. 3. Grobe Lette: Kupfergehaltsklassen nach der Isolinienmethode

1 – Bereich < 5 kg/t, 2 – Bereich 5–20 kg/t, 3 – Bereich 20–40 kg/t, 4 – Bereich > 40 kg/t

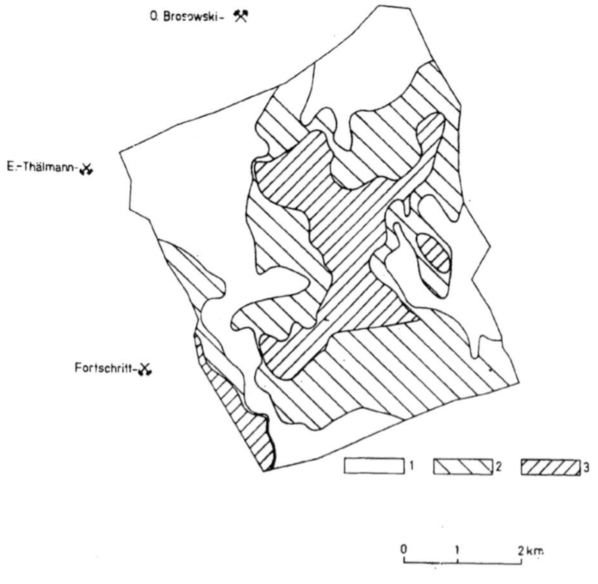

Abb. 5. Schieferkopf: Gehaltsklassen nach der Isolinienmethode

1 – Bereich < 5 kg/t, 2 – Bereich 5–20 kg/t, 3 – Bereich 20–40 kg/t

fergehalte grundsätzlich wünschenswert ist, führte zu einer zunehmenden Auflösung der Linienzüge und schließlich zu Darstellungen ohne Aussagekraft.

Um zu überprüfen, inwieweit durch die Isolinienkonstruktion der gesetzmäßige regionale Anteil erfaßt wird, wurde eine Regressionsrechnung am Beispiel der Lage 2 vorgenommen.[2]) Bei der Regressionsrechnung wurden die Abhängigkeiten zwischen dem Kupfergehalt $\bar{x}_i$ und den Koordinaten R und H berechnet nach

$$\bar{x}_i = a + b \cdot H \qquad (2.1.)$$

$$\bar{x}_i = a + b \cdot R \qquad (2.2.)$$

Die Berechnung erfolgte für die Teilbereiche und die Zusammenfassung von Teilbereichen. Signifikante Unterschiede, d. h. gesetzmäßige Anteile, konnten mit folgenden Sicherheiten nachgewiesen werden:

Tabelle 1

Bereich T 1, Lage 2	Probenanzahl	Varianz (s^2) gesamt	Varianz (s^2) Rest	$\frac{s^2_{Rest}}{s^2_{ges.}}$	Sicherheit R	Sicherheit H
>0 kg/t	582	836	523	0,63	>99	>99
>5 kg/t	525	770	560	0,72	>99	>99
5–20 kg/t	54	82	74	0,90	95–99	90–95
20–40 kg/t	180	175	171	0,98	95–99	90–95
>40 kg/t	215	663	607	0,92	>99	>99

Tab. 1 zeigt, daß nur für den Bereich >0, >5 und >40 kg/t gesetzmäßige Anteile gesichert sind.[3]) Das Verhältnis von Restvarianz (s^2_{Rest}) zu Gesamtvarianz ($s^2_{ges.}$) ist jedoch in den Teilbereichen (Klassen) 5–20 kg/t, 20–40 kg/t und >40 kg/t so hoch, daß die Verteilung der Kupfergehalte als rein zufällig angenommen werden kann.

3.3. Mittelwert, Varianz und Streuung

Zur weiteren Verdichtung des Zahlenmaterials wurden von den Teilbereichen und entsprechenden Zusammenfassungen der Teilbereiche Mittelwert, Varianz und Streuung berechnet. Bei dieser Berechnung wurden extrem hohe Werte (Mammutgehalte) nach

$$x_{n+1} > \bar{x} + ks \quad ^{4)} \qquad (3)$$

eliminiert und anschließend die geologische Position dieser Werte untersucht. Dabei stellte sich heraus, daß ein großer Teil der hochvererzten Einzelprofile in unmittelbarer Nähe tektonischer Störungen auftritt. Da die Vererzung dieser Störungszonen prinzipiell einer anderen Verteilung angehört, wurde durch diese Handhabung die „Rücken"-Vererzung aus den Betrachtungen herausgenommen. Für den 250-m-Probenabstand sind die Kennziffern mit und ohne Extremwerte in Tab. 2 aufgeführt. In der Lage 3 sowie in der Reicherzpartie >40 kg/t liegen keine Extremwerte vor. In den übrigen Lagen schwankt die Anzahl der Extremwerte in den einzelnen Klassen von 0,7 bis 2,7%.

Nach den bereits vorliegenden Erfahrungen mußte die Streuung des Kupfergehalts in den Reicherzpartien am größten sein (s. hierzu auch Tab. 2). Es lag daher nahe, eine Beziehung zwischen den Streuungen und den Mittelwerten zu suchen. Die graphische Darstellung dieser Zahlen bestätigte diese Annahme, wobei in einem s—$\bar{x}$-Diagramm der Anstieg eine lineare Abhängigkeit zeigt (Abb. 6). Wie diese Abbildung weiter veranschaulicht, ist unabhängig von der Höhe der Vererzung der Anstieg in allen Lagen annähernd gleich. Dadurch vereinfachte sich das Problem auf das Herausfinden des linearen Zusammenhangs sämtlicher Punkte zu einer einzigen Regressionsgeraden, die eine gesetzmäßige Bindung des zufälligen Anteils der Streuung an die Höhe der Vererzung in der Gesamtlagerstätte widerspiegelt. Die durchgeführte Regressionsrechnung nach

$$s = a + b \cdot \bar{x} \qquad (4)$$

ergab für die Konstante a = 3,17 und den Regressionskoeffizienten b = 0,352 für den ökonomisch interessierenden Bereich >5 kg/t.

Die Regressionsgerade ist in einem s—$\bar{x}$-Diagramm in Verbindung mit den Gesamtstreuungen für die Bereiche

[2]) Die Regressionsrechnung wurde maschinell vom Rechenzentrum des Kombinates durchgeführt.

[3]) Abweichungen der Gesamtvarianz von Tab. 1 zu Tab. 3 in der Kupferschieferlage 2 sind auf die unterschiedliche Behandlung der Extremwerte zurückzuführen.

[4]) Nach GRAF & HENNING 1958 Werte für k dort tabelliert, Größenordnung von k angenähert 4.

Tab. 2. Vergleich der Parameter mit und ohne Extremwerte beim Probennetz von 250 m

Klasse (kg/t)	Lage	>5 n	>5 $\bar{x}$	>5 s	>20 n	>20 $\bar{x}$	>20 s	>40 n	>40 $\bar{x}$	>40 s	20–40 n	20–40 $\bar{x}$	20–40 s	5–20 n	5–20 $\bar{x}$	5–20 s
mit Extremwert	4	331	18,6	12,8	120	27,4	16,4	–	–	–	120	27,4	16,4	211	13,6	8,0
ohne Extremwert		327	17,8	10,7	118	25,9	11,5	–	–	–	118	25,9	11,5	209	13,1	6,8
Extremwertanteil %		1,2			1,7						1,7			1,0		
mit Extremwert	3	–	–	–	–	–	–	–	–	–	–	–	–	–	–	–
ohne Extremwert		476	33,8	25,0	319	44,9	23,0	187	55,7	23,8	132	29,7	8,8	157	11,1	7,6
mit Extremwert	2	526	42,4	28,7	424	49,4	26,6	–	–	–	197	32,9	16,2	102	14,2	12,1
ohne Extremwert		522	42,1	27,7	421	48,9	26,3	227	63,6	25,6	194	31,8	12,9	101	13,4	8,1
Extremwertanteil %		0,8			0,7						1,5			1,0		
mit Extremwert	1	417	24,9	22,4	211	36,5	24,5	–	–	–	152	28,2	19,0	206	12,9	11,0
ohne Extremwert		411	24,0	21,2	207	35,3	23,0	59	57,9	24,3	148	26,2	15,0	204	12,5	10,2
Extremwertanteil %		1,5			1,9						2,7			1,0		

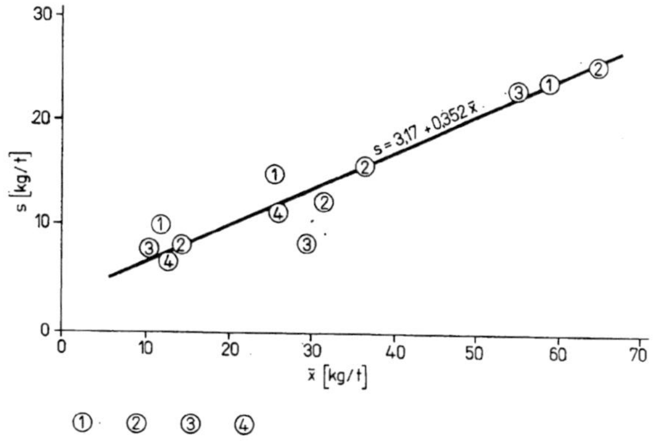

Abb. 6. Regressionsbeziehung zwischen Streuung (s) und Mittelwert des Kupfergehaltes ($\bar{x}$) der vier unteren Kupferschieferlagen

1 — Feine Lette, 2 — Grobe Lette, 3 — Kammschale, 4 — Schieferkopf

>40, >20, >5 und >0 kg/t jeder Lage in Abb. 7 dargestellt. In bezug auf die Probenahmepunkte stellen die Ordinatenabschnitte unterhalb der Regresionsgeraden den zufälligen Anteil und die Ordinatenabschnitte zwischen der Gesamtstreuung und der Regressionsgeraden den gesetzmäßigen Anteil an der Gesamtstreuung dar.

Aus dem Verlauf der Gesamtstreuungen wird deutlich, daß dieser Parameter im wesentlichen von der Reicherzpartie — hier dem Bereich >40 kg/t — bestimmt wird. Die Größe des untersuchten Feldes spielt hiernach offensichtlich für die Höhe der Streuung (s) und damit der Varianz (s^2) keine oder nur eine außerordentlich untergeordnete Rolle. Diese Tatsache steht im Widerspruch zu der in der Literatur häufig zu findenden Aussage (s. z. B. STAMMBERGER 1966, S. 45), daß die Varianz der Lagerstätten vornehmlich von der Größe des Feldes beeinflußt wird. Für den Kupferschiefer muß diese Feststellung zumindest stark eingeschränkt werden.

Die Stärke der Ausgleichung durch eine Trendfunktion, die hier approximativ durch die Isolinienkonstruktion in Form einer diskreten Funktion auftritt, kann nach ALLEN & KRUMBEIN 1962 (s. THIERGÄRTNER 1968, S. 568, und KNAPE & LIEBSCHER 1968) halbquantitativ durch den Koeffizienten aus der Varianz des zufälligen Anteils (s^2_z) zur Gesamtvarianz ($s^2_{ges.}$) eingeschätzt werden. Unter Berücksichtigung der ermittelten Regressionsbeziehung hat dieser Koeffizient die Form

$$\frac{s^2_z}{s^2_{ges.}} = \frac{(a + b \cdot \bar{x})^2}{s^2_{ges.}} \qquad (5)$$

In Tab. 3 sind die wichtigsten Ergebnisse (Bereich >5 kg/t) zusammengestellt.

Das Modell wird als hinreichend gut betrachtet, wenn der Wert des Verhältnisses von $s^2_z : s^2_{ges.}$ hinreichend klein ist. Von H. KNAPE & K. LIEBSCHER (1968) wird als Grenze für den Koeffizienten maximal 0,5 angegeben. Wie aus Tab. 3 hervorgeht, wird diese Grenze in den Lagen 1—3 unter- und lediglich in der Lage 4 überschritten.

Tabelle 3

Kupferschieferlage	n	$\bar{x}$	$s_{ges.}$	$s^2_{ges.}$	Restvarianz s^2_z	$s^2_z / s^2_{ges.}$	s^2_G	Bestimmtheitsmaß $s^2_G / s^2_{ges.}$	Korrelationskoeffizient
4	327	17,8	10,7	112,4	88,4	0,79	24,0	0,21	0,46
3	476	33,8	25,0	625,0	225,0	0,36	400,0	0,64	0,80
2	522	42,1	27,7	761,3	324,0	0,42[5])	443,3	0,58	0,76
1	411	24,0	21,2	449,4	134,6	0,30	314,8	0,70	0,84

[5]) Durch die Regressionsrechnung mit linearem Ansatz ist für den vergleichbaren Bereich > 5 kg/t der Lage 2 lt. Tab. 1 ein Quotient von 0,75 berechnet worden. Daraus ist zu ersehen, daß die Isolinienmethode (Treppenfunktion) für die hier vorliegenden Verhältnisse eine bessere Ausgleichung erbringt.

Der gesetzmäßige Anteil in der Verteilung der Kupfergehalte wird also um so deutlicher, je differenzierter die Kupferführung in einer Lage ist. Bedingt durch die Reicherzpartien ist die Differenzierung in den untersten drei Kupferschieferlagen am ausgeprägtesten.

Die unterschiedliche Tendenz der Kupferführung in den einzelnen Flözlagen kann durchaus mit Hilfe des Abscheidungsmechanismus der Hauptmetalle im Kupferschiefer erklärt werden. Die Fixierung der Metalle Kupfer, Blei und Zink ist vor allem eine Funktion des Verhältnisses von Metallzufuhr und H_2S-Produktion. Die Redoxbedingungen entsprechen während der gesamten Flözsedimentation den für die Fällung der Sulfide von Kupfer, Blei und Zink stark negativen Werten. Auf Grund der unterschiedlichen Löslichkeitsprodukte der Sulfide von Kupfer, Blei und Zink kam es bei begrenzter H_2S-Produktion zu einer selektiven Sulfidfällung, wobei durch den verfügbaren H_2S die Metalle in der Reihenfolge Kupfer—Blei—Zink abgeschieden wurden. In kupferreichen Meeresteilen kam zunächst nur Kupfer oder überwiegend Kupfer als Sulfid zur Abscheidung, während Blei und Zink auf Grund von H_2S-Mangel nicht gefällt wurden. Bei der weiteren Flözsedimentation reicherten sich somit Blei und Zink relativ im Meerwasser an, so daß durch den Verbrauch des Kupfers eine Kupferverarmung einsetzte. Diese

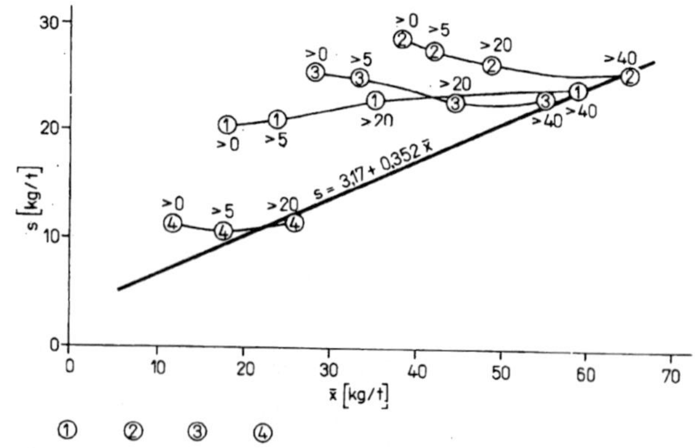

Abb. 7. Vergleich der Gesamtstreuung ($s_{ges.}$) in den vier unteren Kupferschieferlagen mit der Regressionsgeraden

1 — Feine Lette, 2 — Grobe Lette, 3 — Kammschale, 4 — Schieferkopf

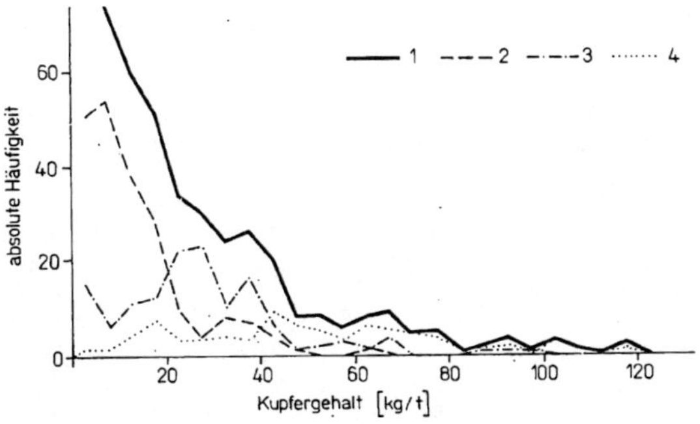

Abb. 8. Feine Lette: Statistische Verteilungskurven

1 – Bereich > 0 kg/t, 2 – Bereich 5–20 kg/t, 3 – Bereich 20–40 kg/t, 4 – Bereich > 40 kg/t

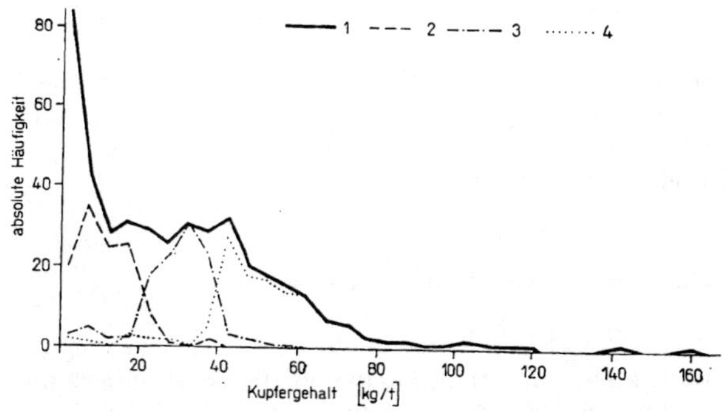

Abb. 10. Kammschale: Statistische Verteilungskurven

1 – Bereich > 0 kg/t, 2 – Bereich 5–20 kg/t, 3 – Bereich 20–40 kg/t, 4 – Bereich > 40 kg/t

Kupferverarmung setzt offensichtlich zur Zeit der Sedimentation der Lage 4 ein. Damit kann das Verhältnis von Kupferangebot und der Möglichkeit der Kupferabscheidung durchaus für den Charakter des Mischtyps in den einzelnen Flözlagen verantwortlich gemacht werden.

Theoretisch läßt sich daraus noch folgern, daß bei entsprechendem Blei-Zink-Angebot in den oberen Lagen des Kupferschiefers sich eine ähnliche Verteilung ergeben würde wie für Kupfer in den unteren Flözlagen. Dann könnte die für Kupfer gefundene Beziehung auch auf Blei—Zink angewendet werden. Infolge mangelnder Proben für diese Metalle kann eine solche Hypothese jedoch in dem ausgewählten Untersuchungsgebiet nicht nachgeprüft werden und muß späteren Arbeiten vorbehalten bleiben.

3.4. Verteilungskurven

Zur Veranschaulichung der statistischen Verteilung des Kupfergehalts wurden in den Abb. 8—11 Verteilungskurven lagenweise für das gesamte Untersuchungsgebiet sowie für die durch die Isolinien ausgehaltenen Teilbereiche bzw. Kupfergehaltsklassen gezeichnet. Betrachtet man zunächst die Gesamtverteilungskurven untereinander, so ist festzustellen, daß grundsätzlich linksschiefe und mehrgipflige Verteilungen vorliegen, die sich prinzipiell nur durch unterschiedliche Anteile höherer Kupfergehalte unterscheiden. Vergleicht man ferner die Gesamtverteilungskurven mit denen der Teilbereiche, so kann man bereits ohne Schwierigkeiten feststellen, daß die Schiefe der Verteilungskurve stark zurückgetreten und die Anzahl der Gipfel reduziert worden ist.

Am Beispiel der Lage 2 wurde deshalb mit Hilfe des Chi-Quadrat-Testes auf Normalverteilung geprüft. Kriterium für signifikante Unterschiede zur Normalverteilung ist bekanntlich:

$$\chi^2_{\text{Tabelle}} < \chi^2_{\text{emp.}} \quad (5.1.)$$

Tabelle 4

Bereich	$\chi^2_{\text{Tab., 0,01}}$	$\chi^2_{\text{emp.}}$
> 5 kg/t	37,6	127,5
>40 kg/t	20,1	14,5
20–40 kg/t	21,7	30,0
5–20 kg/t	11,3	25,6

Mit Ausnahme des Bereiches über 40 kg/t sind signifikante Abweichungen zur Normalverteilung gesichert, jedoch ist die Annäherung an eine Normalverteilung besser als beim Gesamtbereich >5 kg/t.

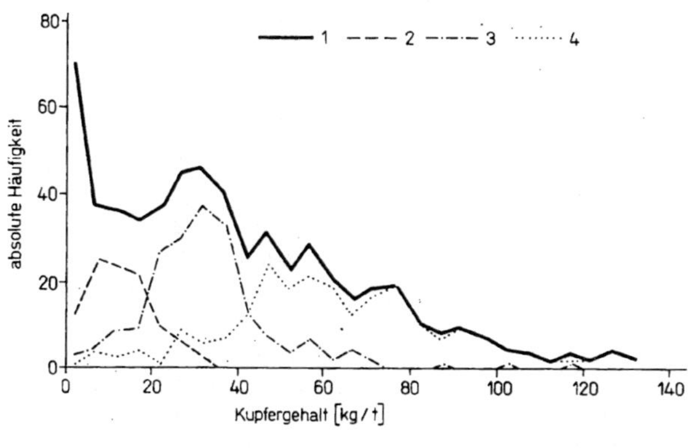

Abb. 9. Grobe Lette: Statistische Verteilungskurven

1 – Bereich > 0 kg/t, 2 – Bereich 5–20 kg/t, 3 – Bereich 20–40 kg/t, 4 – Bereich > 40 kg/t

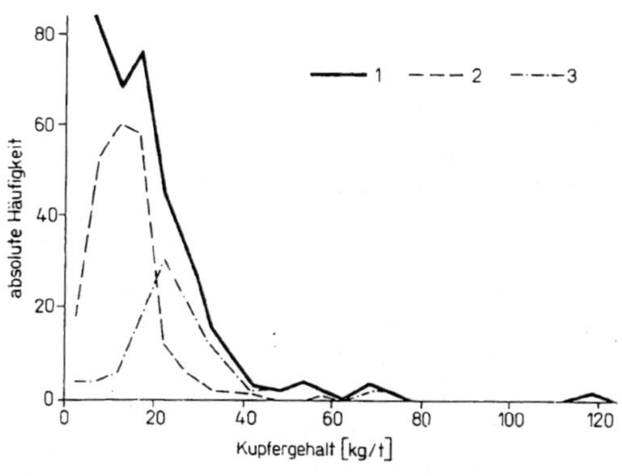

Abb. 11. Schieferkopf: Statistische Verteilungskurven

1 – Bereich > 0 kg/t, 2 – Bereich 5–20 kg/t, 3 – Bereich 20–40 kg/t

Eine Überprüfung der Logarithmen der Kupfergehalte zeigte ebenfalls keine bessere Annäherung an die Normalverteilung. Die Ursachen dürften darin liegen, daß die Abweichungen nicht nur auf die Schiefe, sondern vor allem auch auf die Schlankheit der Verteilungskurven zurückzuführen sind.

3.5. Simulierung mehrerer Probenabstände

Aus dem vorhandenen Probennetz (Abb. 1) wurden Probenabstände von 500 m, 750 m und 1000 m simuliert und die Abweichungen der Mittelwerte für jede Flözlage zu denen aus dem 250-m-Abstand berechnet. Die Abweichung $\bar{v}$, angeführt in %, ist in Abb. 12 in Abhängigkeit von der Probenanzahl n dargestellt. Unter Berücksichtigung der vorgegebenen Sicherheitsschwelle von 95% sind die hier empirisch gefundenen Abweichungen innerhalb der Vertrauensintervalle zu erwarten, die aus der für den Kupfergehalt in Abschnitt 3.3. gefundenen Beziehung zwischen Streuung und Mittelwert resultieren. Die halbe Breite des Vertrauensintervalls wurde nach der bekannten Beziehung

$$\bar{v} = \frac{t \cdot s}{\bar{x}\sqrt{n}} \cdot 100 \qquad (6)$$

berechnet.

Da eine Abhängigkeit zwischen Streuung und Mittelwert besteht, ergeben sich für jeden Mittelwert andere Vertrauensintervalle. Berechnet wurden die Vertrauensintervalle für $\bar{x} = 8$ kg/t und $\bar{x} = 20$ kg/t Cu (s. Abb. 12). Abb. 12 zeigt, daß von den untersuchten 59 Punkten 56 innerhalb der Vertrauensintervalle und lediglich drei in der Nähe dieser Grenze liegen bzw. diese überschreiten. Damit überspannen die geschätzten Vertrauensintervalle für eine Sicherheit von 95% sehr gut die durch die Simulierung des Bemusterungsabstandes gefundenen Mittelwertabweichungen.

Das hier vorgeschlagene Lagerstättenmodell zur Bestimmung des Veränderlichkeitstyps eines Lagerstättenparameters hat den Vorteil, daß es ohne maschinelle Hilfsmittel und mit relativ geringem Arbeitsaufwand zu u. E. brauchbaren Ergebnissen führt.

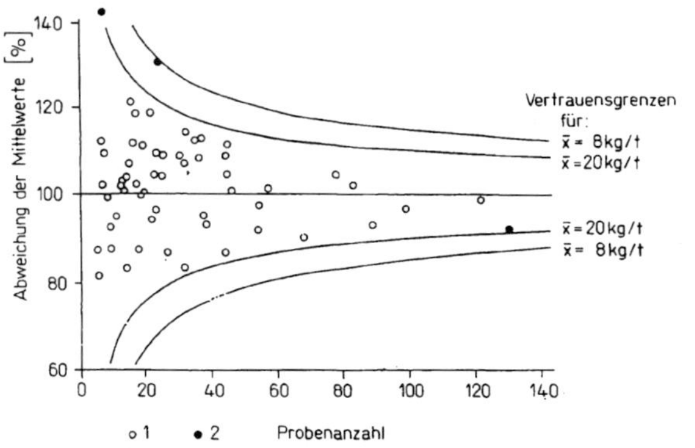

Abb. 12. Abweichung der Mittelwerte ($\bar{x}$) im Vergleich mit den für verschiedene Mittelwerte berechneten Vertrauensgrenzen ($\alpha = 0{,}05$) bei unterschiedlichem Abstand der Bemusterungsnetze

1 — Abweichungen innerhalb der Vertrauensgrenzen, 2 — Abweichungen, die die Vertrauensgrenzen überschreiten

4. Zum Planungsmodell

4.1. Vorbemerkungen

Das Lagerstättenmodell gibt zwar Auskunft über die Parameter der Lagerstätte und deren Verteilung und Veränderlichkeit, läßt jedoch keine Entscheidung über die bereits in der Einleitung angeführten Problemkreise zu. Die auf diesem Gebiet bisher überwiegend isolierte und betont empirische Arbeitsweise konnte den komplexen und dynamischen Charakter auch kaum sichtbar machen. Dies wird durch folgende Situationsskizze aus dem Kupferschiefer deutlich:

Die in den zurückliegenden zwei Jahrzehnten durchgeführten Erkundungsarbeiten auf Kupferschieferlagerstätten hatten als Richtwerte einen geologischen Schwellengehalt von 5,5 kg/t Cu und eine geologische Schwellenschüttung von 5,5 kg/m² Cu sowie eine Minimalmächtigkeit von 10 cm zur Grundlage. Der durchschnittliche Bohrlochabstand betrug 1000 m und wurde zur Berechnung von C_1-Vorräten für ausreichend erachtet. An den durch die letzten bilanzwürdigen Bohrungen gezogenen inneren Umriß erfolgte meistens eine Extrapolation von C_2-Vorräten mit einem Abstand von 250 m.

Hinsichtlich des Bohrlochabstandes sanktionierte die 1. Kupferinstruktion der ZVK vom 5. 3. 1957 die eingebürgerte Verfahrensweise. In der 2. Kupferinstruktion vom 27. 3. 1963 wurden dagegen Bedenken angemeldet und zu den Richtwerten für den Abstand von Erkundungsarbeiten bemerkt: „Es handelt sich um Orientierungswerte, die nicht schematisch übernommen werden dürfen; ihre Über- und Unterschreitung ist durchaus zulässig." Ferner wurde die Aufgabe gestellt, den Bohrlochabstand grundsätzlich zu begründen.

Methoden zur Optimierung der Bohrlochabstände sind bereits mehrfach in der Literatur diskutiert worden. Vielfach wird die vorstehende Beziehung (6) nach n umgestellt und als Bestimmungsgröße

$$n = \left(\frac{t \cdot s \cdot 100}{\bar{x} \cdot \bar{v}}\right)^2 \qquad (6.1.)$$

verwendet. Die unabhängigen Variablen in (6.1.), die Parameter t und $\bar{v}$, werden in dieser Gleichung vom Bearbeiter vorgegeben. Die Sicherheitsschwelle t wird im allgemeinen in Analogie zu ähnlich gearteten Problemen in der Qualitätskontrolle bzw. in der Ökonomie mit 95%, seltener 99%, angenommen. Der Parameter $\bar{v}$ nimmt in der Beziehung (6.1.) die Gestalt einer Genauigkeitsanforderung an.

Es wurde versucht, die Genauigkeitsanforderung $\bar{v}$ von den Vorratsklassen abzuleiten, also rein geologisch zu sehen. In Tab. 5 sind (vgl. Benkö 1964, Soukup 1967, Stolle 1968) die Auffassungen von Fachkollegen aus der DDR, der UdSSR, der VR Polen, der Ungarischen VR und der ČSSR zusammengestellt.

Tabelle 5

Autor	Erlaubte Fehlergrenzen in ± % bei den Vorratsklassen			
	A	B	C_1	C_2
BOGACKI	13	23	33	45
KRAJEWSKI	10	12,5	15	25
OELSNER	8	20	30	50
REH	5	20	40	60
BENKÖ	12	15	27	49
SOUKUP	5–10	10–20	20–40	40–80
STOLLE	15	25	45	>45 nach Fläche
	7	12	–	– nach K_2O-Geh.

Man erkennt mühelos, wie stark die Auffassungen auseinandergehen. Das ist als ein Zeichen für das Fehlen von objektiven Kriterien zur Festlegung dieser Grenzen zu werten. Das Meinungsspektrum zum Gesamtproblem wird noch größer, wenn man die Auffassung der ZVK der DDR (vgl. Richtlinien und Instruktionen zur Berechnung mineralischer Vorräte) und die in mehreren Publikationen dargelegte persönliche Anschauung STAMMBERGERS einbezieht, die Vertrauensintervalle für Vorratsklassen nicht für notwendig erachten.

Eine Reihe in jüngster Zeit vorgelegter Veröffentlichungen zeigt bereits Lösungswege zur Bestimmung der Genauigkeitsanforderung als geologisch-ökonomisches Problem. Die Aufgabe ist aber für den Bergbau noch komplexer, da die technologisch-ökonomische Situation einzubeziehen ist. Aus den bisherigen Darlegungen folgt, daß die Genauigkeit des Erkundungsergebnisses als Funktion der Verteilung der geologischen Parameter sowie von Beprobungs-, Meß- und Auswertefehlern und die Genauigkeitsanforderung als Funktion technologisch-ökonomischer Betrachtungen aufgefaßt werden müssen. Beide Aussagen müssen in eine Relation gebracht werden, die dem Ziel der jeweiligen Erkundungsetappe genügt. Das heißt, es muß nach einem Modell gesucht werden, das diesen Gesamtkomplex umfaßt und hier als Lagerstättenplanungsmodell bezeichnet wird.

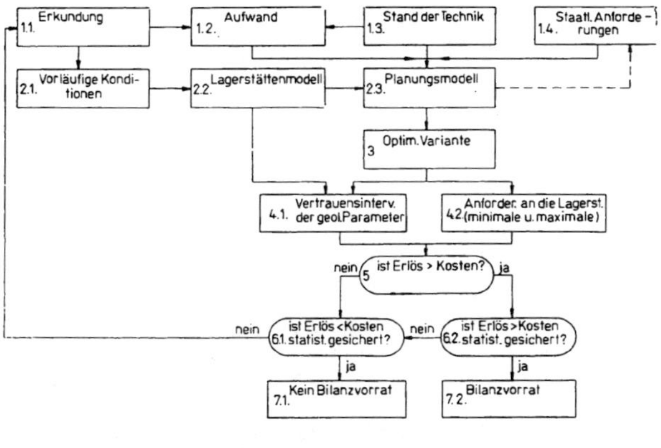

Abb. 13. Blockschaltbild zur Beurteilung von Vorräten mineralischer Rohstoffe

4.2. Verfahrensschema

Zur Veranschaulichung der Gesamtproblematik ist in Abb. 13 der Versuch unternommen worden, in Form eines Blockschaltbildes die Teilkomplexe des Modells darzustellen. Anhand von Abb. 13 werden die einzelnen Bearbeitungsstufen im folgenden beschrieben.

Zur Auswertung der Erkundungsergebnisse werden die Vorräte nach Grenzwerten des Kupfergehalts und der Kupferschüttung und u.U. auch anderer geologischer Parameter klassifiziert. Dabei fließen Erfahrungen, die man bei in Abbau stehenden gleichartigen oder ähnlichen Lagerstätten gemacht hat, als Grundsatzvarianten mit ein.

Die Berechnung der Vorräte der einzelnen Varianten erfolgt entsprechend der Aufgliederung in Vorratsblöcke nach den bekannten Funktionsbeziehungen:

$$Q_{Cu,A} = Q_{Erz,A} \cdot p_{Cu,A} \qquad (7.1.)$$

$$Q_{Erz,A} = F \cdot h_A \cdot \varrho_A \qquad (7.2.)$$

Auf der Grundlage der geologischen Varianten wird nach dem Stand der Technik eine technologisch-ökonomische Bewertung vorgenommen. Der Stand der Technik umfaßt hier nicht nur den Bergbau, sondern auch die Aufbereitung und die Verhüttung und berücksichtigt die jeweilige Arbeitskräftesituation.

Die Bewertung der einzelnen Vorratsblöcke kann nach der spezifischen Kennziffer Kosten/t Katodenkupfer in Anlehnung an STRASSER[6]) (1968) wie folgt vorgenommen werden:

$$k_{ges.} = \frac{1000\,[k_B + q_{Erz,L}\,(k_T + k_{Rh}) + k_A]}{(q_{Cu,A} \cdot a_B \cdot a_{Rh} - q_{Erz,L} \cdot v_s)\,a_{Fh}} + k_{Fh,Kg} \left[\frac{\mathrm{M}}{t\ \mathrm{Cu}_K}\right] \qquad (8)$$

Dabei sind:

k_B	– Bergbaukosten wie Abbau-, Förder-, Betriebs- und Gemeinkosten sowie Umlagen (in M/m² Abbaufläche);
T_k	– Transportkosten Schacht – Rohhütte (in M/t Erz);
k_{Rh}	– Rohhüttenkosten (u. U. Aufbereitungskosten) (in M/t Erz);
k_A	– Abschreibungen aus dem Aufschluß der Lagerstätten, den Aufbereitungs- und Hüttenanlagen sowie der geologischen Erkundung (in M/m² Abbaufläche);
$k_{Fh,Kg}$	– Feinhüttenkosten und Kostengutschriften aus den Bergbaunebenprodukten (in M/t Katodenkupfer);
$q_{Erz,L}$	– Liefererzmenge des Bergbaus (unter Berücksichtigung von Erzverlusten und Erzverdünnungen) (in t/m² Abbaufläche);
$q_{Cu,A}$	– Kupfermenge des anstehenden Erzes einschließlich der Kupfermenge der Erzverdünnung (in kg/m²);
a_B	– Bergbauausbringen;
a_{Rh}	– Rohhüttenausbringen;
a_{Fh}	– Feinhüttenausbringen;
v_s	– Schlackenverlust (in kg Cu/t Erz).

[6]) Analoge Formeln finden sich auch bei STAMMBERGER (1966)

Anhand der Bewertung der einzelnen Vorratsblöcke werden die gesamten Kosten pro Tonne Katodenkupfer für jede Variante unter Berücksichtigung der optimalen technologischen Bedingungen berechnet.

Bei den bisher vorliegenden Untersuchungen hat sich im Kupferschieferbergbau eindeutig als kostenwirksamster geologischer Parameter die Kupferschüttung erwiesen. Den Einfluß dieses Parameters auf die Relationen von Durchschnittskosten zu Grenzkosten je t Katodenkupfer für die einzelnen Varianten gibt für die Verhältnisse im Sangerhäuser Raum Abb. 14 schematisch wieder.

Der Diskussion dieser Funktionalbeziehung muß vorausgeschickt werden, daß sich Kupferschüttung und die Vorratsfläche, d. h. die Lebensdauer des Bergbaubetriebs, umgekehrt zueinander verhalten. Dieser Sachverhalt ist symbolisch an der Abszisse des Diagramms in Abb. 14 aufgetragen. Charakteristisch scheint der weitgespannte Bereich des Kostenminimums zu sein. Der steile Anstieg der Kosten im linken Teil der Kurve ist auf die Beschränkung des Abbaus auf Reicherzpartien zurückzuführen, die infolge geringer Betriebskonzentration zur Erhöhung der konstanten Kosten und ferner zu einer Steigerung der Abschreibungssätze für die Investitionen pro Tonne Katodenkupfer führen. Im flacheren Kostenanstieg des rechten Teils der Kurve kommt der kostenwirksame Einfluß der Einbeziehung von Armerzfeldern im Projekt zum Ausdruck.

Dieser Teil der Untersuchungen wird von uns als die wichtigste Voraussetzung zur Bestimmung der rationellsten Betriebspunkte angesehen. Eine optimale Variante innerhalb des Diagramms von Abb. 14 kann unter Berücksichtigung staatlicher Anforderungen über Entscheidungshilfen, wie:

1. Minimierung der Kosten,

2. Maximierung des Gewinns,

3. Maximierung der Relation Gewinn zu Investaufwand.

ausgewählt werden, durch die gleichzeitig die wichtigsten Konditionen festgelegt sind.

Infolge des Wahrscheinlichkeitscharakters der geologischen Angaben und anderer in diese Rechnung eingehender Parameter ist die Realisierung der optimalen Variante mit einem Risiko behaftet. Unter Berücksichtigung dieses Risikos werden Forderungen an die Vorratslage gestellt, die sowohl minimaler als auch maximaler Natur sein können. Die Festlegung des Streubereichs der Anforderungen hängt von vielen Faktoren technologisch-ökonomischen Charakters ab, die von Fall zu Fall beurteilt werden müssen. Ohne Zweifel hat eine Unterschreitung der Vorratsangaben die schwerwiegenderen Folgen. Aber auch eine Überschreitung der angegebenen Vorratsmengen kann zu ökonomischen Verlusten führen, da sie Rekonstruktionsmaßnahmen nach sich ziehen können bzw. ihre Äußerung dadurch erfahren, daß vor der Realisierung des Projekts noch nicht bekannte Feldesteile grundsätzlich als Vorratsverluste abgeschrieben werden müssen.[7]) Prinzipiell müßte die Erkundung so angelegt sein, daß die Vorratsangaben innerhalb der geforderten Toleranzgrenzen gesichert sind. Besondere Aufmerksamkeit ist dabei den Minimalanforderungen zu widmen, um das Aufschlußrisiko zu einem Minimum werden zu lassen.

Nach Abschnitt 3. der vorgelegten Arbeit können die Vertrauensintervalle der wichtigsten geologischen Parameter angegeben werden. Die Tests sind somit durchführbar.

Bei Vorräten, die nach der technologisch-ökonomischen Kalkulation mit wirtschaftlichem Vorteil gebaut werden können, schließt sich die Entscheidung an, ob das Hauptkriterium durch die Erkundungsergebnisse statistisch gesichert ist. Als Hauptkriterium wird hier der Gewinn betrachtet, obwohl auch andere Kennziffern dominierend sein können. Bei eindeutig positivem Ergebnis liegen u. E. damit auch eindeutig Bilanzvorräte vor, womit gleichzeitig die Probendichte für ausreichend erklärt wird und die Konditionen ökonomisch begründet sind.

Der geologische Schwellengehalt bzw. die geologische Schwellenschüttung nimmt unter den Konditionen eine besondere Stellung ein, da der Anteil der Armerzvorräte verteilungsabhängig ist und der Umfang der Einbeziehung in die Bilanzvorräte im Zusammenhang mit dem Anteil der Reicherzvorräte gesehen werden muß. Unter bestimmten Bedingungen können deshalb auch außerhalb des Umrisses der Bilanzvorräte Gebiete vorhanden sein, deren Metallführung dem geologischen Schwellengehalt entspricht bzw. diesen sogar übersteigt.

Bei Vorräten, die auch unter den günstigsten Bedingungen keinen Gewinn abwerfen oder bei denen ein Gewinn statistisch nicht gesichert ist, bietet sich zunächst ein Test an, ob bei Verdichtung des Probennetzes die Verlustgrenze überhaupt überschritten werden kann. Bilanzvorräte liegen nicht vor, wenn auch im günstigsten Fall ökonomische Verluste auftreten und dieser Zustand durch das vorhandene Erkundungsnetz mit statistischer Sicherheit nachgewiesen werden kann. Wenn beide Entscheidungen über Gewinn- oder Verlustlagerstätte nicht eindeutig anhand der Erkundungsdichte gefällt werden können, ist das Bohrnetz zu verdichten, und zwar so lange, bis die Einstufung im Sinne eines Sequentialverfahrens keine Zweifel offenläßt.

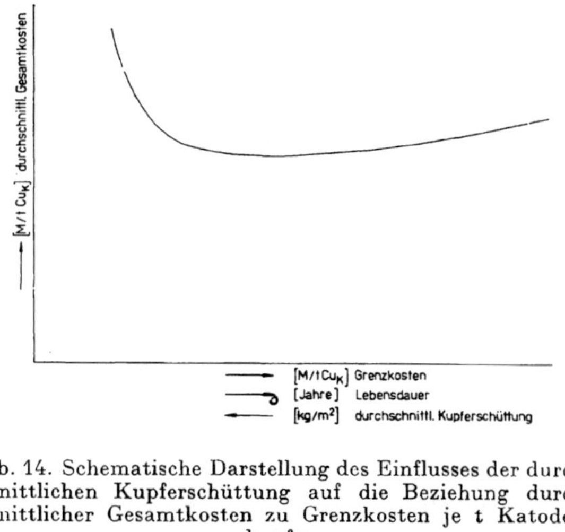

Abb. 14. Schematische Darstellung des Einflusses der durchschnittlichen Kupferschüttung auf die Beziehung durchschnittlicher Gesamtkosten zu Grenzkosten je t Katodenkupfer

[7]) Für verschiedene konkrete Fälle sind aus der Literatur Optimierungsformeln bekannt (vgl. BANDEMER 1967).

Im Blockschaltbild (Abb. 13) ist bewußt der Begriff „keine Bilanzvorräte" gewählt worden, da u. U. für diese Vorratsgruppe eine Aufspaltung vorgenommen werden kann, etwa in Erzkonzentrationen ohne Vorratswert, Vorratsverlust oder Außerbilanzvorräte. Bei den Außerbilanzvorräten wird vorausgesetzt, daß sie unter günstigen Bedingungen in der Perspektive oder u. U. auf Grund von Zwangsbedingungen, die durch unterschiedliche Ursachen hervorgerufen werden, mit Hilfe staatlicher Stützungen gebaut werden können bzw. müssen. Die Aufspaltung dieser Vorratsgruppe kann erforderlichenfalls nach einem analogen, dem jeweiligen Hauptkriterium entsprechenden Prinzipschema vorgenommen werden.

Infolge der Vielzahl möglicher Varianten, die hauptsächlich bei der Errichtung von Großschachtanlagen auftreten, wächst der Arbeitsaufwand beträchtlich, und damit wird die Notwendigkeit des Einsatzes von maschinellen Datenverarbeitungsanlagen deutlich. Gegenwärtig werden im Mansfeldkombinat Teilkomplexe für die maschinelle Datenverarbeitung vorbereitet, um schließlich stufenweise zu einem programmierten kombinierten Lagerstättenplanungsmodell zu gelangen, das den hier gestellten Anforderungen auch hinsichtlich des dynamischen Verhaltens der von außen auf das System wirkenden technologisch-ökonomischen Bedingungen sowie den staatlichen Anforderungen gerecht wird.

4.3. Diskussion eines Beispiels

Unter der Voraussetzung, daß die Anforderungen an eine Lagerstätte hinreichend genau bekannt sind, kann das angegebene Schema vereinfacht werden und läßt sich als Nomogramm anschaulich darstellen. Ein derartiges Nomogramm ist in Abb. 15 wiedergegeben. Es zeigt die Beziehungen zwischen Probenzahl (n), Vertrauensgrenze absolut ($\overline{m}$) sowie einem Mittelwert der Vorräte ($\overline{x}$), für den der Kupfergehalt eingesetzt wurde. Anhand von Beispielen, die in Anlehnung an die Vorratsverhältnisse des Kupferschiefers im Sangerhäuser Raum ausgewählt worden sind, soll der Gebrauch des Nomogramms als Sequentialverfahren erläutert werden.

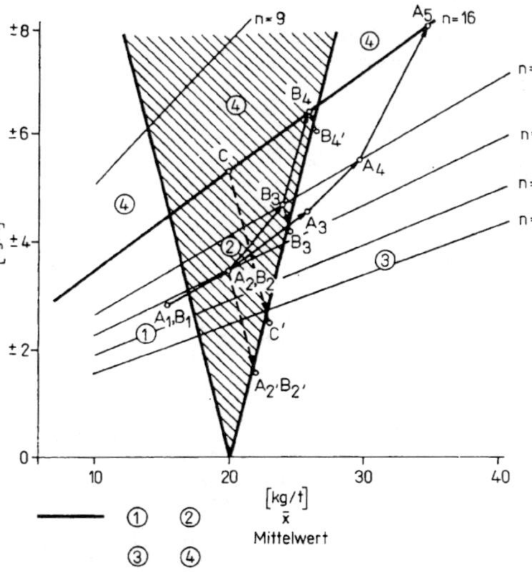

Abb. 15. Beispiel eines Nomogramms zur Beurteilung der Erkundungsdichte bei einem Probenabstand von 1000 m

Starke Linie — $n = 16$ — Grenzlinie der minimalen Vorratsfläche, 1 — Abbauungsbereich bezüglich des durchschnittlichen Kupfergehalts, 2 — indifferenter Bereich bezüglich des durchschnittlichen Kupfergehalts, 3 — Annahmebereich, 4 — Bereich zu geringer Substanzmenge

Die drei angenommenen Bohrfelder A, B und C sollen durch Bohrungen im Abstand von 1000 m erkundet sein. Durch ökonomische Untersuchungen seien eine minimale zusammenhängende Vorratsfläche von rd. 16 km² (hier 16 Bohrungen) ermittelt worden sowie ein industrieller Minimalgehalt in Höhe von 20 kg/t Cu. Das sollen für diese Beispiele die Minimalanforderungen sein, unter denen der Aufschluß der Lagerstätte gerade noch erfolgen kann. Die Charakteristiken dieser Bohrfelder sind im Nomogramm eingetragen.

Feld A, Pkt. 1: $n = 39$, $\overline{x} = 16$

In diesem Punkt würde auch eine Verdichtung des Bohrnetzes nicht dazu führen, daß der Durchschnittsgehalt in der gesamten Lagerstätte über den industriellen Minimalgehalt zu liegen kommt. Da die Vorratsfläche ausreichend groß ist, wird versucht, die reicher vererzten Feldesteile zu testen.

Feld A, Pkt. 2: $n = 36$, $\overline{x} = 20$

Der neuermittelte Punkt liegt im indifferenten Bereich, obwohl der industrielle Minimalgehalt von 20 kg/t zunächst rechnerisch erreicht worden ist. Man wird in diesem Fall wiederum die reicher vererzten Bereiche näher untersuchen.[8])

Dies führt schließlich zu den Punkten:

Feld A, Pkt. 3: $n = 30$, $\overline{x} = 26$
Pkt. 4: $n = 25$, $\overline{x} = 30$
Pkt. 5: $n = 16$, $\overline{x} = 35$

Die Lage dieser Punkte im Nomogramm läßt erkennen, daß die Forderungen hinsichtlich der Mindestvorräte und des industriellen Minimalgehalts von einem Teilbereich der Gesamtlagerstätte gesichert sind. Eine Erhöhung der Bohrlochdichte ist nicht erforderlich.

Feld B, Pkt. 1: $n = 41$, $\overline{x} = 16$
Pkt. 2: $n = 36$, $\overline{x} = 20$

Die Schlußfolgerungen aus der Lage dieser Punkte entsprechen denen des Feldes A, Punkte 1 und 2.

Feld B, Pkt. 3: $n = 25$, $\overline{x} = 24$
Pkt. 4: $n = 16$, $\overline{x} = 26$

Die berechneten Punkte liegen wie Pkt. B 2 im indifferenten Bereich. Erhöht man den geologischen Schwellengehalt und vermindert in der entsprechenden Weise die Substanz, so liegen diese Punkte (B 3 und B 4) noch immer im indifferenten Bereich. Hier ist vom Erkundungsaufwand her der Versuch sinnvoll, durch Verdichtung des Erkundungsnetzes in den reicher vererzten Partien zu überprüfen, ob die Aussage gesichert werden kann. Die endgültige Entscheidung steht in Abhängigkeit von der Relation der Erkundungskosten zum

[8]) Die mögliche Verdichtung des Bohrnetzes verbietet sich im konkreten Fall, da bei grundsätzlich fragwürdigem Ausgang ein derartig hoher Aufwand an Bohrarbeiten getrieben werden müßte, der ökonomisch nicht vertretbar ist.

Investrisiko.[9]) An diesem Beispiel wird ferner deutlich, daß bereits eine geringfügige Änderung des industriellen Minimalgehalts von 20 auf 19 kg/t diese Aussage verändert. Dadurch würden die Punkte B 3′ und B 4′ in den 3. Aussagebereich zu liegen kommen.

Feld C: $n = 16$, $\bar{x} = 20$

Dieses Vorratsfeld liegt im indifferenten Bereich, und zwar in unmittelbarer Nähe der Minimalvorratsmenge. Es könnte zwar versucht werden, durch Verdichtung des Bohrlochnetzes auf das Vierfache zu überprüfen, ob der Durchschnittsgehalt der Lagerstätte in den Annahmebereich zu liegen kommt. Die Aussichten sind für diesen Feldesteil jedoch so gering, daß man in der Praxis davon Abstand nehmen wird und entweder das Feld bergmännisch nicht aufschließt oder, wenn möglich, von einer bereits aufgeschlossenen Lagerstätte aus versucht, einen Teilabbau zu betreiben.

Wie bereits erwähnt, dient das Nomogramm in Abb. 15 nur zur Veranschaulichung. Konkrete Entscheidungen werden in den meisten Fällen differenziertere und weitergehende Betrachtungen entsprechend dem im Abschnitt 4.2. skizzierten Verfahrensschema erfordern. Es wird jedoch bereits hier deutlich, daß die Festlegung einheitlicher Probenabstände selbst für eine Lagerstätte oder einen Lagerstättentyp nicht in jedem Fall einer optimalen Erkundung entspricht. Vielmehr wird sich in der entsprechenden Erkundungsetappe die Beprobung auf die aus ökonomischer Sicht stärker interessierenden Vorratsareale konzentrieren müssen.

Untersuchungen im Sangerhäuser Lagerstättenrevier haben ergeben, daß von fünf Bohrfeldern (einschließlich der jetzigen Abbaufelder), in denen Bilanzvorräte der Klasse C_2 ausgewiesen wurden, drei Bohrfelder nach den derzeitig gültigen Konditionen bergmännisch als selbständige Lagerstättenteile aufgeschlossen werden können (entsprechend Feld A), während bei einem Lagerstättenteil eine Entscheidung als selbständiges Abbaugebiet entsprechend Feld B nicht ohne Kalkulation eines Verlustrisikos getroffen und für einen fünften Lagerstättenteil infolge zu geringer Substanzmenge (s. Feld C) nur ein Abbau von einer naheliegenden Schachtanlage in Erwägung gezogen werden kann.

Durch Diskussion verschiedener Teilkomplexe haben die Kollegen Dr. LANCKAU und Dr. KNITZSCHKE die vorgelegte Arbeit befruchtet und der Kollege Berging. NICKUSCH vorbereitende Zuarbeiten geliefert. Allen wird an dieser Stelle nochmals gedankt.

Zusammenfassung

Die Untersuchung an einem dicht beprobten Abbaugebiet der Mansfelder Mulde führte zu einer Charakterisierung der Lagerstätte als Mischtyp. Die Trennung des zufälligen und gesetzmäßigen Anteils an der Gesamtvarianz konnte durch eine Isolinienmethode erreicht werden, wobei der gesetzmäßige Anteil durch eine diskrete Funktion approximiert wird. Die Reststreuungen stehen in einer bestimmten Relation zur Höhe der Kupfergehalte, die mathematisch formuliert wurde. Damit sind die wichtigsten geologischen Voraussetzungen für die Definition eines Lagerstättenplanungsmodells gegeben.

Nach der Festlegung der Mindestanforderungen im Planungsmodell kann geprüft werden, ob durch die Erkundungsergebnisse diese Anforderungen statistisch gesichert werden können. Im Sinne eines Sequentialverfahrens ist die Beprobung nach der Beantwortung dieser Frage zu gestalten.

Das Lagerstättenplanungsmodell gestattet gleichzeitig die Festlegung der Bilanzvorräte und damit auch die wissenschaftliche Begründung der Konditionen.

Резюме

Исследование густо опробованного района горных работ Мансфельдской мульды привело к характеристике месторождения как смешанный тип. Отделение случайной от закономерной доли в общей вариации удалось достигнуть путем метода изолиний, причем закономерная доля аппроксимируется дискретной функцией. Остаточные вариации находятся в определенном отношении к величине содержания меди, сформулированным математически. Этим даны наиважные геологические предпосылки для определения модели планирования месторождения.

После установления минимальных требований в модели планирования можно проверять, гарантируются ли статистически эти требования результатами разведки. В смысле выборочного анализа надо проводить опробование после решения этого вопроса.

Модель планирования месторождения одновременно позволяет проводить установление балансовых запасов и тем самым и научное обоснование кондиций.

Summary

Investigations made in a densely sampled mining district of the syncline of Mansfeld led to a characterization of the deposit as a mixed type. The separation of the accidental and regular part in the total variance could be obtained by the isoline method, with the regular part approximated by a discrete function. The residual scatterings are definitely related to the amount of copper contents, a mathematical formulation of which was given. Thus the most important geological prerequisites are given for defining a model of planning deposits.

After determining the minimum requirements to be satisfied by the model of planning, an examination can be made as to whether these requirements can be secured statistically by results of exploration. In accordance with a sequential method sampling must be organized after answering this question.

At the same time, the model of planning deposits permits to determine balance resources and, consequently, to give the reasons for the conditions.

Literatur

BANDEMER, H.: Zur Optimierung der Erkundung einer Lagerstätte. — Z. angew. Geol., **13**, 5, 253—255, Berlin 1967.

BENKÖ, F.: Die Bestimmung der Netzentfernungen im Prozeß der Erkundung mineralischer Rohstoffe. — Földtani Közlöny, **94**, 2, Budapest 1964.

FREESE, C., & W. JUNG: Über die Rotfärbung der Basalschichten des Zechsteins (Rote Fäule) und ihre Beziehungen zum Nebengestein im südöstlichen Harzvorland. — Freiberger Forsch.-H., C 193, 9—23, Leipzig 1965.

GRAF, U., & H.-J. HENNING: Formeln und Tabellen der mathematischen Statistik, Berlin 1953; berichtigter Neudruck 1958.

JUNG, W.: Zum subsalinaren Schollenbau im südöstlichen Harzvorland. Mit einigen Gedanken zur Äquidistanz von Schwächezonen. — Geologie, **14**, 3, 254—271, Berlin 1965.

KNAPE, H., & K. LIEBSCHER: Die Flächentrendanalyse zur Lösung geologischer Aufgaben. — Wiss.-techn. Inform.-Dienst ZGI, **9**, 10, 3—28, Berlin 1968.

KNITZSCHKE, G.: Zur Erzmineralisation, Petrographie, Hauptmetall- und Spurenelementführung des Kupferschiefers im SE-Harzvorland. — Freiberger Forsch.-H., C 207, Leipzig 1966.

KRAJEWSKI, R.: Die Einteilung der Vorräte und die Bestimmung der Größe der Lagerstättenproben bei Anwendung der statistischen Berechnung. — Zeszyty Naukowe, AGH Kraków, Nr. 25, Bergbauheft 6, 1959.

LANCKAU, E.: Mathematisch-statistische Überlegungen zur Bestimmung des Kläubeanteils. — Bergakad., **20**, 3, 163—164, Freiberg 1968.

NIEĆ, M.: Statistische Analyse der Kupferschieferlagerstätten der Vorsudetischen Monokline. — Erze und NE-Metalle, **9**, 6, Katowice 1964.

SMIRNOW, N. W., & J. W. DUNIN-BARKOWSKI: Mathematische Statistik in der Technik. — VEB Dt. Verl. Wiss., Berlin 1963.

[9]) Siehe auch BANDEMER (1967).

Soukup, B.: Auswertung der Erkundungsdichte mittels elektronischer Rechenautomaten. – Z. angew. Geol., **13**, 4, 209–211, Berlin 1967.
Stammberger, F.: Über Ungenauigkeiten und „erlaubte Fehlergrenzen" bei Vorratsberechnungen. – Z. angew. Geol., **2**, 4, 180–189, Berlin 1956.
– Können Erkundungsdaten die Lagerstättenverhältnisse richtig widerspiegeln? – Bergakad., **10**, 2, Berlin 1958.
– Der Einfluß des Veränderlichkeitstyps eines Mineralkörpers auf die Mittelbildung sowie Extra- und Interpolation. – Z. angew. Geol., **9**, 4, 189–194, Berlin 1963.
Stolle, E.: Veränderlichkeitsklassifizierung der wichtigsten Merkmale der Kalisalzlagerstätten. – Vortrag DGGW-Tagung, 20.–21. 11. 1968 Berlin, unveröff. Manuskr. im Kaliforsch.-Inst., Sondershausen.
Strasser, S.: Untersuchungen über die Verbesserung der Methoden der Abbauplanung durch Anwendung eines Auswahlverfahrens zur angenäherten Abbauoptimierung der Mansfelder Schächte. – Bergakad., **20**, 3, 165, Freiberg 1968.
Thiergärtner, H.: Zur Beurteilung der Probenahmeabstände und des Schemas der Mittelwertbildung. – Z. angew. Geol., **10**, 8, 414–422, Berlin 1964.
– Methodische Untersuchungen über die regionale Verbreitung von Blei im Boden mit Hilfe der Trendanalyse. – Z. angew. Geol., **14**, 11, 561 bis 568, Berlin 1968.
Weber, E.: Grundriß der Biologischen Statistik. – 5. Aufl., VEB Gustav Fischer Verl., Jena 1964.
Autorenkollektiv: Geologische Parameter und EDV. – KDT-Mitteilungen Kombinatsverband VEB Mansfeld-Kombinat „W. Pieck", **4**, 25–26, Eisleben 1968.
– Bericht über die Ergebnisse einer Dienstreise vom 2.–15. 12. 1968 zu den Bergbauinstituten Moskau und Leningrad über Probleme zur Einführung der elektronischen Datenverarbeitung im Bergbau. – Unveröff. Ber. VEB Mansfeld-Kombinat „W. Pieck", Eisleben, vom 14. 1. 1969.

Fettsäuren in Erdölen und in der dispersen organischen Substanz

J. J. Głogoszowski & J. Sliwiok, Kraków

1. Einleitung

Auf der Suche nach Beweisen für die Umwandlung der organischen Ursubstanz biogener Herkunft in Erdölen richtet sich die Aufmerksamkeit hauptsächlich auf zwei Substanzgruppen: Fette und Proteine. Beide bilden die Hauptbestandteile der Grundsubstanzen des lebenden Gewebes, sowohl der Pflanzen als auch der Tiere. Das gegenseitige Verhältnis der einzelnen Substanzgruppen in der vermutlichen Ausgangssubstanz und in Erdölen weist wesentliche Unterschiede auf. Im ersten Fall überwiegen Proteine, Fette und Lignin-Zellstoff-Substanzen, im zweiten aber besteht die Hauptgruppe aus Kohlenwasserstoffen verschiedener Strukturen. Die übrige Gruppe der im Erdöl manchmal in Spuren vorhandenen organischen Verbindungen (Porphyrine, Fettsäuren) werden als Elemente der organischen Ursubstanz angesehen.

Die allgemeine Umwandlungsrichtung bei der Bituminierung weist darauf, daß der Gehalt an Sauerstoff, Stickstoff und Schwefel sinkt, während der Gehalt an Wasserstoff ansteigt. Manche Autoren bezeichnen diesen Prozeß als Methanisierung.

Es bleibt also die Frage zu klären, ob die in Gesteinen dispers verteilten organischen Substanzen sowie die im Erdöl gefundenen Spuren organischer Verbindungen, deren Ähnlichkeit mit den in lebenden Organismen vorhandenen nachgewiesen wurde, ein Überrest des ursprünglichen Stoffs sind oder ob sie ein sekundäres, unter komplizierten in der Natur waltenden Verhältnissen neuentstandenes Produkt darstellen.

Es ist allen Organikern bekannt, daß ein bestimmter Molekültyp einer organischen Verbindung aus verschiedenen ursprünglichen Verbindungen und mittels verschiedener Synthesezyklen erhalten werden kann. Ist der Verlauf solcher Reaktionen im Labormaßstab möglich, dann können sie wohl auch in der Natur, die doch über weit größere Variationsmöglichkeiten der den Ablauf der Reaktionen beeinflussenden Parameter verfügt, stattfinden.

Als hervorragender Verfechter der Hypothese über die Hauptrolle der Fette bei der Entstehung von Erdölkohlenwasserstoffen ist Ginsburg-Karagitschewa zu nennen. Am hypothetischen Schema der Umwandlung von organischer Muttersubstanz beteiligen sich alle Grundtypen dieser Substanz, sowohl Kohlenhydrate als auch Proteine, die samt den ursprünglichen Fetten unter Einwirkung der anaeroben Bakterien in Fettsäuren und weiter in Kohlenwasserstoffe übergehen. Thayer (1931) gibt z. B. an, daß Fettsäuren, von Essigsäure bis Stearinsäure, durch die im Süßwasser und im Meerwasserschlamm vorhandenen Kleinlebewesen in Methan umgewandelt werden.

Die Frage der Umwandlung von Fetten und besonders von Fettsäuren in Kohlenwasserstoffe unter der katalytischen Einwirkung natürlicher mineralischer Substanzen war in der letzten Zeit Gegenstand zahlreicher Forschungsarbeiten. Brooks (1952) behandelt z. B. sehr eingehend die Möglichkeiten der katalytischen Einwirkung des mineralischen Milieus, hauptsächlich der Alumosilikate. Solche Reaktionen wurden im Labormaßstab nachgebildet (Eisma, Petrow, Bogomołow u. a.). Dabei wurde der Beweis erbracht, daß sie tatsächlich im natürlichen Milieu verlaufen können. (Eisma behandelte Behensäure, Petrow Ölsäure, Bogomołow Ölsäure und Stearinsäure). Manche Forscher haben sogar den vermutlichen Verlauf dieser Reaktionen angegeben, wobei u. a. Kondensationsprozesse als hauptsächliche, zur Entstehung der Erdölkohlenwasserstoffe führende Reaktionen angesehen wurden (Petrow, Bogomołow). Die Anwesenheit von bestimmten Strukturen zyklischer Kohlenwasserstoffe mit Fünfer- bzw. Sechserringen wurde als Beweis dafür angenommen, daß sich die Fettsäuren der organischen Ursubstanz an deren Entstehung beteiligen.

Unterstellen wir dieses Schema als richtig, dann bleibt noch die Frage zu beantworten, warum in der natürlichen organischen Substanz, die in den Gesteinen verschiedener Formationen, junger und auch sehr alter, gefunden wird, stets sowohl in der dispersen organischen Substanz als auch im Erdöl ein gewisser geringer Gehalt an Fettsäuren von beinahe völlig gleicher Zusammensetzung nachgewiesen werden kann.

In der organischen Substanz der lebenden Organismen schwankt der Fettsäurengehalt zwischen 20 und 30% (Bogomołow). In der aus Karbonsedimenten gewonnenen organischen Substanz wurde der Fettsäuregehalt auf etwa 25×10^{-6}% geschätzt. Im Erdöl beträgt er 3,6 bis 7,7% des Gesamtgehalts an Säuren. Kann also die Fettsäuremenge, die in der dispersen organischen

Eingang des Manuskripts in der Redaktion: 11. 6. 1969.

Substanz der Gesteine nachgewiesen ist, nicht als ein Beweis dafür angeführt werden, daß in der katalytischen Umwandlungsreaktion von Fettsäuren in Kohlenwasserstoffe ein gewisses Gleichgewicht eintritt? Die Beantwortung dieser Frage ist für natürliche Verhältnisse sehr schwer. Es existieren hier zu viele Unbekannte.

Eines der geochemischen Anzeichen für die Fettsäurenumwandlung in Kohlenwasserstoffe ist folgende in der Natur beobachtete sehr wichtige Tatsache. Sowohl in der dispersen organischen Substanz als auch im Erdöl überwiegen Fettsäuren mit gerader Anzahl von Kohlenstoffatomen im Molekül, dagegen in den Paraffinkohlenwasserstoffen solche mit ungerader Anzahl von Kohlenstoffatomen.

Bisher wurden im Erdöl und in der organischen Substanz von Sedimenten nur gesättigte Fettsäuren, und zwar hauptsächlich Palmitinsäure (C_{16}) und Stearinsäure (C_{17}), manchmal auch Miristinsäure (C_{14}), nachgewiesen.

Das Fehlen ungesättigter Fettsäuren ist leicht zu erklären, da sie unter den bei der Entstehung von Sedimenten herrschenden Verhältnissen instabil sind. Dies wurde auch durch die am natürlichen, aus Algen erhaltenen organischen Material durchgeführten Untersuchungen bestätigt (ABELSON u. a. 1964).

Das Vorkommen der Fettsäuren in Erdölen wurde bisher noch nicht vollkommen geklärt. Die Forschungen und Erwägungen von COOPER und BRAY im Jahre 1963 bilden einen sehr wichtigen Beitrag zur Kenntnis dieser zweifellos genetischen Zusammenhänge zwischen den Fettsäuren und den Paraffinen.

Es scheint daher zweckmäßig, genügend umfangreiches Versuchsmaterial zu sammeln, um diese Zusammenhänge statistisch zu erfassen. Die vorliegende Arbeit beinhaltet eine weitere Ergänzung dieser Beobachtungen mit Untersuchungen des chemischen Charakters der Fettsäuren, die in der dispersen organischen Substanz bzw. in Erdölen aus verschiedenen geologischen Zeitaltern auftreten.

Zur Untersuchung wurden Sedimente des Oligozäns und Karbons sowie Erdölproben aus Gesteinen des Silurs, Ordoviziums, Devons, Perms, Juras und der Kreide verwandt. Um ein genügend umfangreiches statistisches Material zu erhalten, ist es nötig, die erwähnten Proben in größerer Anzahl zu untersuchen. Diesem Zweck dienen neue, im ersten Teil dieser Arbeit entwickelte Methoden zur Ausscheidung der Fettsäuren sowie zu deren Trennung und Identifizierung.

2. Analytik

Die Anpassung einer entsprechenden analytischen Methodik an die Bedingungen des Auftretens von Fettsäuren in den untersuchten Gesteinen bereitete bisher die größten Schwierigkeiten. Der Gehalt an disperser organischer Substanz schwankt in ziemlich weiten Grenzen (zwischen Hundertsteln und einigen Prozenten, manchmal sogar über zehn Prozent). Die Zusammensetzung dieser Substanz unterliegt ziemlich starken Variationen, wobei den Hauptbestandteil mit beinahe 90% eine bisher nicht näher bestimmbare, kohlenartige, in organischen Lösungsmitteln unlösliche Substanz bildet.

Die Fettsäuren gehören zur Gruppe der organischen Verbindungen, die mit verschiedenen organischen Lösungsmitteln (gewöhnlich Chloroform und Petroläther) aus Gesteinsproben isoliert werden können. Die Gesteinsproben wurden also zuerst einer Extraktion mit Petroläther unterworfen, worauf die Ausscheidung der sauren Bestandteile folgte. Zu diesem Zweck wurde der Extrakt mit wässeriger NaOH-Lösung verseift und die wässerige Lösung abgetrennt. Die nach Ansäuerung ausgeschiedenen Säuren wurden mit Petroläther extrahiert. Zur weiteren Auftrennung und zur Identifizierung der einzelnen Fettsäuren bewährte sich am besten die Dünnschichtchromatographie. Eine entsprechende Modifikation dieser Methode machte es möglich, sie sowohl zur präparativen als auch zur analytischen Trennung anzuwenden. Die analytischen Verfahren zur Isolation und Identifizierung der in den Gesteinen enthaltenen Fettsäuren zeigt schematisch Abb. 1.

Präparative Ausscheidung der Fettsäuren

Das MERCKsche Adsorbens Kieselgel G wurde auf Glasplatten von 10 × 20 cm aufgetragen. Die Gelschicht war 0,7 mm stark. Nach Trocknung des Trägers wurde die Platte bei 110 °C während 30 Minuten aktiviert. Auf die so vorbereitete Platte wurde an der Startlinie eine Lösung des Säurengemischs in Benzol tropfenweise aufgetragen. Als

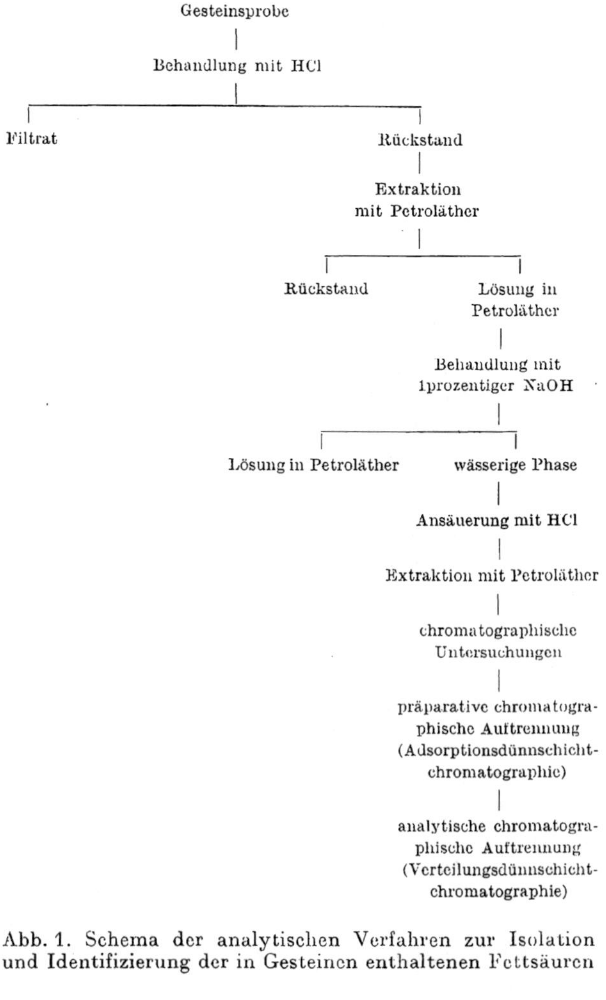

Abb. 1. Schema der analytischen Verfahren zur Isolation und Identifizierung der in Gesteinen enthaltenen Fettsäuren

bewegliche Phase diente ein Benzol-Azeton-Gemisch im Volumenverhältnis 9:1. Die Chromatogramme wurden bei 20°C bis zur Höhe von 13 cm entwickelt. Zwecks Entwicklung der Chromatogramme wurde eine 0,005prozentige wässerige Neufuchsinlösung (pH = 6,55) aufgetröpfelt.

Das Chromatogramm zeigt deutlich getrennte Fraktionen, deren R_f-Werte 0,28, 0,7 und 0,8 bis 0,85 betragen. Ein Vergleich dieser Werte mit der Lage von Standardfettsäuren auf ähnlichen Chromatogrammen bewies, daß die Fraktion R_f = 0,28 den gesättigten Fettsäuren entspricht. Die den Wert R_f = 0,28 aufweisenden Flecke wurden von der Platte abgehoben, worauf die adsorbierten Fettsäuren mit Eisessig extrahiert wurden. (Die übrigen beiden Fraktionen, R_f = 0,7 und 0,8/85, sind Gegenstand von noch nicht beendeten Untersuchungen.)

Die Wahl eines entsprechenden Farbstoffs zur Chromatogrammentwicklung spielt bei dieser Methode eine sehr wichtige Rolle. Er muß einerseits sehr empfindlich sein, um schon bei sehr geringen Konzentrationen der untersuchten Substanzen zu reagieren, anderseits darf er während der Chromatogrammentwicklung keinen Einfluß auf die Struktur der getrennten Substanzen ausüben bzw. mit diesen Substanzen keine chemischen Reaktionen geben. Es wurde festgestellt, daß sich Neufuchsin in einer 0,005prozentigen wässerigen Lösung (pH = 6,55) sehr gut bewährt. Einer der Autoren der vorliegenden Arbeit führte zahlreiche eingehende Untersuchungen über die Tauglichkeit dieses Farbstoffs als eines Universalentwicklers aus (SLIWIOK 1968). Diese Untersuchungen bewiesen, daß sich Neufuchsin an polare, funktionelle Gruppen enthaltende Verbindungen sehr lose anschließt und sehr leicht wieder abgetrennt werden kann.

Analytische Trennung der Fettsäuren und deren Identifizierung

Zuerst wurde die Essigsäure abdestilliert und der Überrest in 1 ml Benzol aufgenommen. Die auf diese Weise vorbereitete Lösung diente zur weiteren analytischen Trennung. Zu diesem Zweck wurde eine 0,7 mm starke Kieselgur-G-Schicht auf Glasplatten von 10 × 20 cm aufgetragen. Nach Lufttrocknung des Trägers wurde er mit Paraffinöl getränkt. Das Paraffinöl trug man auf die Glasplatten als eine 8%-Lösung in Benzol auf. Danach wurde das Benzol abdestilliert und die mittels der präparativen Trennung erhaltene Fettsäurelösung auf die Startlinie aufgetragen. Zur Identifizierung wurden auf die Platte gleichzeitig Standardlösungen von Fettsäuren aufgetragen. Als bewegliche Phase diente ein Gemisch von Eisessig mit Paraffinöl und Wasser im Verhältnis 8:1:1.

Die Chromatogramme wurden bei 21°C bis zur Höhe von 18 cm entwickelt. Zur Chromatogrammentwicklung kam auch eine Neufuchsinlösung zur Anwendung.

Isolation und Bestimmung der Fettsäuren in Erdölen

Eine wesentliche Rolle bei den geochemischen Forschungsarbeiten spielt die gleichzeitige Durchführung eingehender Untersuchungen des ganzen geochemischen Komplexes, d. h. aller genetisch miteinander verknüpften Elemente. Der Zusammenhang der dispersen organischen Substanz mit dem Erdöl ist eben ein Beispiel solcher genetischen Verknüpfungen. Nach Meinung der Anhänger der organischen Theorie der Erdölentstehung bildet die disperse organische Substanz einen Bestandteil der ursprünglichen Muttersubstanz, aus der das Erdöl entstand. Die geochemischen, auf die Klärung der Frage der Erdölgenese gerichteten Untersuchungen müssen also sowohl die disperse organische Substanz als auch das Erdöl selbst umfassen.

Zur Untersuchung und Identifizierung der im Erdöl auftretenden Fettsäuren wurde die beschriebene Methode modifiziert, um die Auftrennung eines solch komplizierten Gemischs von organischen Verbindungen wie „Erdöl" zu ermöglichen.

Die Änderung des analytischen Schemas bezog sich hauptsächlich auf den Vorgang der Fettsäurenausscheidung aus Erdölen. Das Schema der Säurenausscheidung wird in Abb. 2 dargestellt.

Die sauren Erdölbestandteile wurden mittels alkalischer Extraktion ausgeschieden. Zu diesem Zweck wurde die Erdölprobe mit 1prozentiger wässeriger KOH-Lösung in einem Scheidetrichter bei einer Raumtemperatur von etwa 20°C ausgeschüttelt. Dieses Verfahren wurde dreimal wiederholt, wobei jedesmal eine neue Portion KOH-Lösung zur Verwendung kam. Die erhaltenen alkalischen Fraktionen wurden vereinigt und mit HCl bis auf pH = 7 neutralisiert. Diese Lösung wurde bei Raumtemperatur dreimal mit Petroläther ausgeschüttelt und die erhaltene Ätherlösung durch teilweise Abdestillierung des Petroläthers eingeengt. Die weitere mit der Ausscheidung der Fettsäuren und deren Identifizierung verknüpfte Behandlung war identisch mit der vorher beschriebenen Methode der Ausscheidung aus Gesteinsproben.

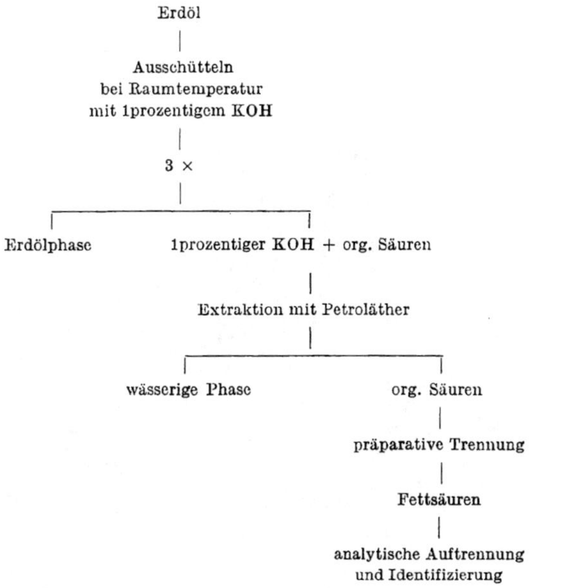

Abb. 2. Schema der Säurenausscheidung

Wegen der komplizierteren Zusammensetzung des Gemischs der im Erdöl vorkommenden organischen Verbindungen wurden die präparativ mittels der Dünnschichtchromatographie ausgeschiedenen Säuren noch zusätzlich mit 1prozentiger KOH-Lösung in Methanol gereinigt, diese Lösung nachher mit Salzsäure neutralisiert und mit Petroläther ausgeschüttelt. Die auf diese Weise erhaltene Ätherlösung wurde der eigentlichen chromatographischen Analyse unterworfen.

3. Ergebnisse der Bestimmung des Fettsäuregehalts in Gesteinen und Erdölen aus verschiedenen Lagerstätten Polens

Die beschriebenen Methoden der Fettsäurenbestimmung wurden zur Untersuchung dieser Säuregruppen in Gesteinen verschiedenen Zeitalters und in Erdölen aus verschiedenen Lagerstätten Polens herangezogen. Zu den Vorversuchen wählte man Gesteinsproben mit genügend großer Differenzierung ihres geologischen Zeitalters: Oligozän und Karbon. Ähnlich wurden auch Erdöle mit entsprechend weiter geologischer Zeitspanne gewählt: von den ältesten, aus dem Silur — Ordovizium und dem Devon stammenden, bisher nur in Spurenmengen gefundenen Erdölen bis zu denen aus dem Perm, dem Jura und der Kreide stammenden Erdölen.

Die Ergebnisse der Bestimmung des Fettsäuregehalts sowie deren Charakteristik wurden in der Tabelle und graphisch in den Abb. 3 und 4 angegeben.

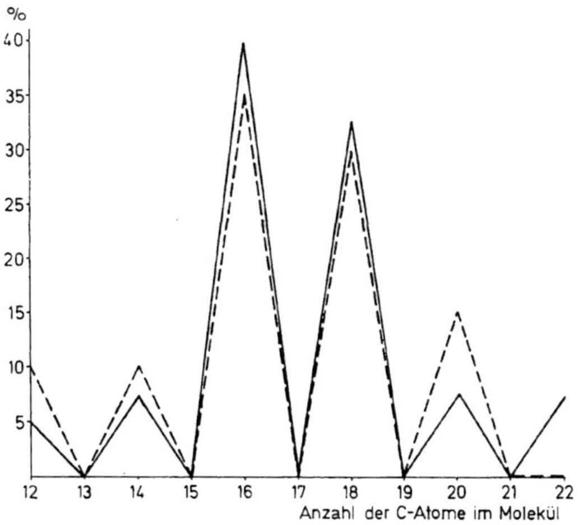

Abb. 3. Fettsäuren in disperser organischer Substanz

ausgezogene Linie = Karbon; gestrichelte Linie = Oligozän

Es ist interessant, daß sowohl in der dispersen organischen Substanz als auch in allen untersuchten Erdölen Fettsäuren mit geradzahligen Kohlenstoffatomen im Molekül, nämlich Stearin- und Palmitinsäure, überwiegen. Auch alle übrigen in den untersuchten Proben gefundenen Säuren weisen dasselbe gemeinsame Merkmal auf: Es überwiegen Säuren mit geradzahliger Kohlenstoffatomzahl. Es wurden zwar in den Proben der organischen aus Gesteinen ausgeschiedenen Substanz überhaupt keine Säuren mit ungeraden Kohlenstoffatomzahlen gefunden, man kann aber annehmen, daß diese Säuren hier nur in Spurenmengen vorhanden sind und wegen der geringen Gesamtmenge der organischen aus dem Gestein extrahierten Substanz nicht nachgewiesen werden konnten.

Sowohl in den Erdölen als auch in der dispersen organischen Substanz kommen Fettsäuren mit 12 bis 22 Kohlenstoffatomen im Molekül vor. Es wurde eine gewisse Differenzierung innerhalb der Gruppe der in einzelnen untersuchten Erdölen vorhandenen Säuren festgestellt, das allgemeine Bild bleibt aber fast das gleiche. Die erwähnte Differenzierung beruht darauf, daß Miristinsäure und Palmitinsäure in dem aus dem Silur–Ordovizium stammenden Erdöl dominieren, Stearin- und Palmitinsäure in dem aus dem Devon stammenden Erdöl den Hauptbestandteil der Fettsäurengruppe bilden und in den im Perm, im Jura und in der Kreide gefundenen Erdölen gleiche Mengen an Miristin-, Palmitin- sowie Stearinsäure nachgewiesen wurden.

Die gleiche Zusammensetzung der Fettsäuregruppen in Erdölen aus dem Jura und aus der Kreide ist wahrscheinlich dadurch erklärbar, daß diese Erdölproben aus derselben Lagerstätte mit zwei verschiedenen (Kreide und Jura) erdölführenden Horizonten stammen. Dies könnte gleichzeitig auch als Beweis angesehen werden, daß die Erdöle beider Horizonte gemeinsamer Herkunft sind.

Als einziger Unterschied zwischen den Säuren der organischen aus Gesteinen ausgeschiedenen Substanz und den in den Erdölen vorhandenen Säuren könnte das sehr deutliche Vorherrschen der Palmitin- und Stearinsäure in der organischen Substanz der Gesteine angesehen werden. Die Anzahl der untersuchten Gesteins- und Erdölproben war jedoch zu gering für eine genügend begründete Aussage über diese Beobachtung. Die Frage bleibt also noch offen, ob diese Festellung wirklich ein charakteristisches Merkmal der organischen Substanz aller Gesteine ist, das sie von der organischen Substanz der Erdöle unterscheidet.

Der ähnliche Charakter der Fettsäuregruppe in der organischen Substanz beider untersuchten Milieus beweist aber zweifellos, daß zwischen ihnen eine gemeinsame genetische Verknüpfung besteht.

Die Anwesenheit der Spuren von Fettsäuren in allen Arten der organischen, in der Erdkruste vorhandenen Substanz ist ein genügender Beweis für deren genetische Verknüpfung mit der organischen Substanz biogenen

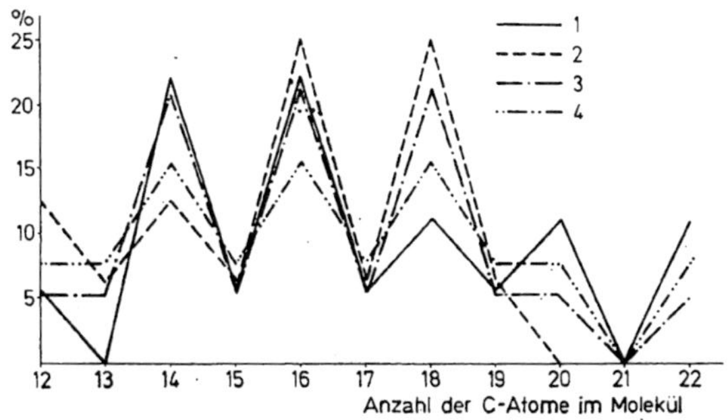

Abb. 4. Fettsäuren in Erdölen

1 – Silur–Ordovizium; 2 – Devon; 3 – Perm; 4 – Jura und Kreide

Tabelle

Säure	Formel	Erdöle					Gesteine	
		Silur–Ordovizium	Devon	Perm	Jura	Kreide	Karbon	Oligozän
Behensäure	$C_{22}H_{44}O_2$	11,0	–	5,3	7,7	7,7	7,5	–
Arahidsäure	$C_{20}H_{40}O_2$	11,1	–	5,2	7,7	7,7	7,5	15,0
n-Oktadekankarbonsäure	$C_{19}H_{38}O_2$	5,6	6,3	5,3	7,7	7,7	–	–
Stearinsäure	$C_{18}H_{36}O_2$	11,1	25,0	21,1	15,4	15,4	32,5	30,0
Margarinsäure	$C_{17}H_{34}O_2$	5,5	6,2	5,2	7,7	7,7	–	–
Palmitinsäure	$C_{16}H_{32}O_2$	22,2	25,0	21,1	15,4	15,4	40,0	35,0
n-Tetradekankarbonsäure	$C_{15}H_{30}O_2$	5,6	6,3	5,3	7,7	7,7	–	–
Miristinsäure	$C_{14}H_{28}O_2$	22,2	12,5	21,1	15,4	15,4	7,5	10,0
n-Dodekankarbonsäure	$C_{13}H_{26}O_2$	–	6,2	5,2	7,7	7,7	–	–
Laurinsäure	$C_{12}H_{24}O_2$	5,6	12,5	5,2	7,6	7,6	5,0	10,0

Ursprungs. Sie bildet jedoch keinen genügenden Beweis dafür, daß alle Bestandteile der organischen Substanz der Erdöle auch biogener Herkunft seien.

Eine Klärung erfordert noch die Tatsache, daß in allen untersuchten, sogar ältesten Erdölen stets Fettsäuren, obwohl nur in Spurenmengen, gefunden wurden. Kann die Anwesenheit dieser Säuren in so geringen Mengen nicht als Beweis eines gewissen Gleichgewichts zwischen der ursprünglichen Muttersubstanz und den Produkten ihrer Umwandlung unter den natürlichen Verhältnissen angesehen werden?

Zusammenfassung

Das Vorkommen von Kohlenwasserstoffen in Erdölen, deren Struktur oft als „Reliktstruktur" bezeichnet wird, bildet eines der Argumente, das die Theorie von der biogenen Herkunft des Erdöls stützt. Die Anwesenheit dieser Substanzen wird als einer der Beweise für den wesentlichen Anteil der aus der organischen Ursubstanz stammenden Fettsäuren bei der Entstehung der organischen Substanz von Erdölen angesehen. In der vorliegenden Arbeit wird eine einfache Methode zur Ausscheidung, Trennung und Identifizierung der in Erdölen und in der dispersen organischen Gesteinssubstanz vorhandenen Fettsäuren dargestellt. Diese Methode beruht auf der präparativen und analytischen Dünnschichtchromatographie. Es werden vorläufige Informationen über den Fettsäuregehalt der in der Kreide, im Jura, Perm, Devon und Ordovizium — Silur gefundenen Erdölen angegeben. Gleichfalls werden die Fettsäuren aus Sedimenten des Oligozäns und Karbons charakterisiert.

Резюме

Присутствие углеводородов в нефтях, структуру которых часто называют „реликтовой структурой", является одним из доводов в пользу теории органического происхождения нефти. Присутствие этих веществ считается одним из доказательств значительного участия жирных кислот, происходящих от первичного органического вещества, при образовании органического вещества нефтей. В данной работе описывается простой метод выделения, разделения и определения присуствующих в нефтях и рассеянном органическом веществе породы жирных кислот. Этот метод основывается на препаратной и аналитической тонкослойной хроматографии. Сообщаются предварительные данные о содержании жирных кислот нефтей, встреченных в меловых, юрских, пермских, девонских отложениях и в отложениях ордовика—силура. Далее дается характеристика жирных кислот, выделенных из осадков олигоценового и каменноугольного возрастов.

Summary

The occurrence of hydrocarbons in petroleums, whose structure is often designated as "relict structure", is one of the arguments supporting the theory of the biogenic origin of petroleum. The presence of these substances is regarded as one of the proofs of the essential part which play fatty acids coming from the primitive organic substance in the formation of the organic substance of petroleums. In the present paper a simple method is described for eliminating, separating and identifying fatty acids present in petroleums and in the disperse organic rock substance. It is based on the preparative and analytical thin-film chromatography. Preliminary informations are given on the content of fatty acids of petroleums found in the Cretaceous, Jurassic, Permian, Devonian and Ordovician—Silurian. Fatty acids from sediments of the Oligocene and Carboniferous are also characterized.

Literatur

BESTOUGEFF, M. A.: Petroleum hydrocarbons. — NAGY-COLOMBO Fundamental Aspects of Petroleum Geochemistry, Amsterdam 1967.

BOGOMOŁOW, A. I.: Geochimiczeskije reakcji i processy ciklizacji lipidow w naftenowo-aromaticceskije uglewodorody i optyty po ich modelirowanju. — Genesis Nefti i Gasa, Sbornik dokladow Wsjesoj. Sowieszcz. — Moskau 1968.

BRAY, E. E., & E. D. EVANS: Distribution of n-paraffins as a clue to recognition of source beds. — Geochim. et Cosmochim. Acta, 22 (1961).

BROOKS, B. T.: Evidence of catalytic action in petroleum formation. — Ind. Eng. Chem., 44, 11 (1952).

COOPER, J. E.: Fatty acids in recent and ancient sediments and petroleum-reservoir waters. — Nature (1963).

EISMA, E., & J. W. JURG: Fundamental aspects of the diagenesis of organic matter and the formation of hydrocarbons. — VII, World Petrol. Congr. Proceedings, Vol. 2, Mexico 1967.

GŁOGOCZOWSKIJ, J. J., & J. SLIWIOK: Les acides gras dans le pétrol brut et dans la substance organique dispersée. — Materialien des 4th meeting polska on Organic Geochemistry, Amsterdam 1968.

GŁOGOSZOWSKI, J. J., J. SLIWIOK & Z. KWAPNIEWSKI: Anwendung der Dünnschichtchromatographie zum Nachweis und zur Identifizierung von in den Gesteinen dispergierten Fettsäurespuren. — III Ogólno-Konferencja Analityczna Materialy (1968).

JURG, J. W., & E. EISMA: Petroleum hydrocarbons: Generation from fatty acid. — Science, 144, 3625 (1964).

MCIVER, R. D.: Maturation of oil, an important natural process. — Geol. Soc. Am. Ann. Meeting (1963); (wg. U. COLOMBO in: Fundamental Aspects of Petroleum Geochemistry, Amsterdam 1967).

PETROW, A. A.: Strojenije nieftianych uglewodorodow i problema proischżdienija niefti. — Genesis niefti i gas sbornik dokladow Wsjesoj. Sowieszcz. — Moskau 1968.

Zur Anwendung stabiler Isotope in der Geochemie

Bericht über das 2. Symposium (Moskau, Oktober 1968)

PETER DOSTAL, Institut für stabile Isotope, Leipzig, & FRANZ MAY, Forschungsinstitut für die Erkundung und Förderung von Erdöl und Erdgas, Gommern

1. Allgemeines

Alle zwei Jahre veranstaltet das Wernadskij-Institut für Geochemie und analytische Chemie der Akademie der Wissenschaften der UdSSR (Direktor: A. P. WINOGRADOW) Symposien über Isotopengeochemie. Die weitaus meisten Teilnehmer sind sowjetische Wissenschaftler, so daß die Vorträge und Diskussionen recht gut den Entwicklungsstand dieses Fachgebietes in der UdSSR widerspiegeln.

Das 2. Symposium berücksichtigte besonders methodische Probleme (Probenchemie, Messung und Standardfragen), während die Interpretation der Meßdaten im Vergleich zum 1. Symposium weniger Raum einnahm. Den wachsenden Anforderungen der Geologie an die Analytik muß durch Verfeinerung der Methoden Rechnung getragen werden. In der Massenspektrometrie gelingt dies durch problemangepaßte Änderungen der üblichen sowjetischen Massenspektrometer. Schwierigkeiten treten noch bei der probenchemischen Umarbeitung der Meßproben auf. Auch konnte die Diskussion über Standards, vor allem über einheitliche Substandards, bisher noch keine verbindlichen Resultate erbringen; deshalb wurde eine dafür zuständige Kommission gebildet.

Eingang des Manuskripts in der Redaktion: 22. 4. 1969.

2. Spezielle Probleme

Massenspektrometrie

SADOROSHNYJ (1) berichtete über die Bestimmung von Edelgasen in festen Körpern. Das mit Ionengetterpumpen versehene Gerät MI 1305 erreicht ein Vakuum von $5 \cdot 10^{-9}$ Torr und arbeitet im statischen Betrieb. Der vorgeschaltete Reaktor enthält eine Probenschleuse. Die Mindestmenge der Proben ist 0,1 g. Durch HF-Erhitzung werden die Edelgase freigesetzt und gleichzeitig gereinigt. Die endgültige Reinigung und Trennung erfolgen an Aktivkohle bei verschiedenen Temperaturen. Es lassen sich noch 10^{-9} Ncm³ He und Ar sowie 10^{-12} Ncm³ Xe messen.

TSCHUPACHIN und POLJAKOW (2) diskutierten die Ursachen von Instabilitäten der Ionenströme aus festen Substanzen. Sie schlagen ein neues Verfahren zur Stabilisierung vor, begründen dieses durch den Vergleich der Meßergebnisse mit einem Standard und untersuchen die Anwendung der Kompensationsmethode für die massenspektrometrische Isotopenanalyse an festen Stoffen.

Bei der Bleiisotopenanalyse mittels Aluminiumsilikatemitter versuchen LEWSKIJ u. a. (3) den Ionenbildungsmechanismus zu klären. Sie konnten zeigen, daß die Ionenausbeute praktisch nicht vom Bändchenmaterial (Ta, Nb, Pt, W) abhängt. Sie halten den Vorgang nicht für eine Oberflächen-, sondern für eine Thermoionisation. Die Bleiionen entstehen aus Bleisilikat. Es wurde unter anderem auch noch über den Ionenbildungsmechanismus bei Li berichtet.

Der Bleiisotopenanalyse war auch ein Vortrag von TSCHERNYSCHEW und SCHANIN (4) gewidmet. Unter Anwendung einer Dreibändchen-Ionenquelle, einer besonderen Methode zur Stabilisierung des Ionenstroms, eines SEV und Digitalvoltmeters mit Zifferndrucker können Probeneinwaagen von 50 ng gemessen werden. Das verwendete MI 1311 ist außerdem mit verschiedenen impulselektronischen Zusatzgeräten versehen, z. B. zur Triggerung des Voltmeters und des Magnetstroms. Pro Analyse erhält man über 300 Daten, die in einem Rechner verarbeitet werden können.

USTINOW u. a. (5) untersuchten die Ionisation von Ca und Mg mit Elektronenstoß- und Dreibändchenionenquelle. In beiden Fällen erweist sich die Verwendung der Halogenide als vorteilhaft. Bei der Bändchenionenquelle kommt man unter Anwendung der Kompensationsmethode auf einen mittleren Fehler von $\pm 0{,}6\%$.

Eine hohe Genauigkeit mit dem Massenspektrometer MI 1305 erzielen JAKUBOWSKIJ und Mitarbeiter (6) bei der Bestimmung des Deuteriumgehalts natürlicher Wässer. Die Umarbeitung in H_2 erfolgt direkt am Massenspektrometer, dessen Spalte wesentlich verbreitert wurden und dessen Kollektor für die Masse 2 durch einen Spezialkollektor ersetzt ist. Die H_3^+-Ionenbildung ist niedrig, dank Verbreiterung des Ionenquellenspalts, optimaler Justierung des Hilfsmagneten und Verwendung maximaler Spannungen in der Ionenquelle. Bei 95% statistischer Sicherheit beträgt der relative Meßfehler 2‰.

PRILUZKIJ (18) hielt einen vielbeachteten Vortrag über Theorie und Verbesserungen der Kompensationsmethode am MI 1305. Eine besondere Schaltung dient der optimalen Justierung des Geräts. An dem gekrümmten Teil des Peaks lassen sich die Schwankungen des Ionenstroms messen. Die Meßbrücke wird durch Fremdspannungen geeicht. Theoretische Untersuchungen über Nichtlinearitäten der Widerstände, Verstärkerstufen und andere Fehlerquellen führen zu Korrekturformeln. Auf diese Weise ist es möglich, systematische Fehler bei δ-Messungen bis auf 0,03‰ zu eliminieren.

Auch über ein Magnetresonanz-Massenspektrometer wurde berichtet (33). Es dient zur Bestimmung von natürlichem Helium und erfüllt alle die dafür nötigen Forderungen wie: hohe Empfindlichkeit, hohes Auflösungsvermögen zur Trennung des Tripletts $^3He^+/^1H_3^+/HD^+$ u. a. m.

Nichtmassenspektrometrische Isotopenanalyse

Die Photoneutronenmethode zur Deuteriumbestimmung basiert auf der Reaktion $D(\gamma, n)^1H$. BRESGUNOW und SOJFER (7) analysierten natürliche Wässer mit einem halbautomatischen Verfahren und ^{24}Na als Gammaquelle. Die Probenmenge war 400 ml, die Genauigkeit 2%; nach jeder Probe wird ein Standard gemessen. Die Meßergebnisse stimmen gut mit massenspektrometrischen Daten überein. Da der Neutronenstrom der Anzahl der Deuteriumkerne proportional ist, läßt sich das Verfahren auch zur direkten D-Bestimmung an Erdöl verwenden (8). Wegen der Neutronenverlangsamung bzw. -absorption werden aber ein konstanter Wasserstoffgehalt und das Fehlen von Neutronenabsorbern gefordert.

MOLOTSCHNOWA u. a. (9) untersuchten die Fehlerquellen der Photoneutronenmethode bei der Analyse des Wassers und geben ein Verfahren an, das den Einfluß von gelösten Neutronenfängern berücksichtigt. Die Meßgenauigkeit hängt von der Aktivität der Gammaquelle, dem Wirkungsgrad der Registrieranordnung, der Stabilität der Apparatur und der Meßzeit ab.

Von SHIGLINSKIJ u. a. (10) wird über den Fortgang der Studien an gekühlten Hohlkathoden berichtet. In einem weiteren der Spektralanalyse gewidmeten Vortrag befaßten sich ALEKSANDROW und MALYSCHEW (11) mit der Erhöhung der Genauigkeit bei Bleiisotopenanalysen mittels der FABRY-PEROT-Interferometrie.

Standards

DONZOWA (14) setzt sich mit Standards für Sauerstoff auseinander. Sie diskutiert die Forderung an Sauerstoffstandards, ihre Herstellung und Aufbewahrung. Man kann drei Gruppen natürlicher Sauerstoffträger unterscheiden und aus jeder Gruppe einen Standard auswählen.

L. N. GRINENKO und W. A. GRINENKO (15) fordern mindestens drei Standards für Schwefel: einen mit meteoritischer Isotopenzusammensetzung, einen zweiten aus Sulfat von Ozeanwasser und einen dritten mit 3prozentiger Anreicherung des Isotops ^{32}S. Der Standardschwefel muß in mehreren Formen vorliegen, nämlich als sorgfältig gereinigtes SO_2 in abgeschmolzenen Glasampullen, als Silbersulfid und als Schwefelpulver. Ein solches System von Standards erlaubt, sowohl die massenspektrometrischen Vorgänge als auch die probenchemische Methodik zu kontrollieren und genaue Meßdaten zu liefern.

Ebenfalls drei Standards schlägt GALIMOW für die Präzisionsisotopenanalyse am Kohlenstoff vor: $\delta^{13}C = 0{,}00\%$ für Karbonate, $\delta^{13}C = -2{,}8\%$ für organische Substanzen und $\delta^{13}C = -4{,}5\%$ für Erdgas. Sie sollen in Form von $BaCO_3$ aufbewahrt werden (16).

Folgende Bleistandards sind nach Meinung SUKOWS (17) erforderlich: Blei mit 1,5% ^{204}Pb, mit $\geqq 90\%$ ^{206}Pb und mit mehr als 85% ^{208}Pb.

Probenchemie

Ausgehend von den massenspektrometrischen Analysenverfahren stellten GALIMOW, GRINENKO, DEMBINSKIJ und IWANOW (24) fest, daß in vielen Fällen die Genauigkeit bei der Bestimmung der Isotopenzusammensetzung durch die chemische Umarbeitung der Proben begrenzt wird. Zur Verbesserung der Probenchemie des Kohlenstoffs schlagen sie eine universelle Apparatur vor, in der beliebige kohlenstoffhaltige Materialien zu sehr reinem Kohlendioxid umgearbeitet werden können. Das Kernstück der Apparatur ist das Verbrennungssystem, das aus einem Labyrinthreaktor aus Quarz und einer Umlaufpumpe sowie Kühlfallen und Ventilen besteht. Die Umwandlung der kohlenstoffhaltigen Stoffe in CO_2 wurde in Abhängigkeit von verschiedenen Bedingungen untersucht und der Einfluß des Umsetzungsgrads auf den $\delta^{13}C$-Wert des CO_2 bestimmt. Die Entfernung von N_2O wirkt sich auf die Genauigkeit der Messung günstig aus.

Für die Isotopengeochemie des Sauerstoffs waren die Vorträge über die probenchemischen Methoden der Sauerstoffgewinnung aus natürlichen Mineralien von besonderem Interesse. SUCHOWERCHOW, USTINOW und GRINENKO (19) berichteten über die Gewinnung von O_2 mit Hilfe von Fluorobromaten. Die Reaktion erfolgt schnell, sogar bei Raumtemperatur, und erfordert auch bei Mineralien wie Turmalin, Zirkon und Phosphaten nicht mehr als eine Stunde.

Die Methode der Hochtemperaturreduktion mit Kohlenstoff, bei der in erster Reaktionsstufe Kohlenmonoxid erhalten wird, wurde im Vortrag von DONZOWA (20) behandelt. Das im Verlauf von 15 bis 18 Minuten bei 2000 °C gebildete

CO wird an einem Nickelkatalysator bei 400 °C in CO_2 umgewandelt, an dem die Sauerstoffisotopenzusammensetzung massenspektrometrisch bestimmt wird. Die Anwendbarkeit der Methode, deren Gesamtanalysenfehler $\pm$ 0,02 bis $\pm$ 0,03% beträgt, wurde bereits für die Untersuchung der Sauerstoffisotopenverteilung in Eruptivgesteinen der Erde, in Oxidmineralen und verschiedenen Meteoriten bewiesen.

Über die Ausarbeitung einer neuen Methode zur probenchemischen Gewinnung von O_2 aus Mineralen unter Verwendung von Xenonfluoriden berichteten BORSCHTSCHEWSKIJ, AMOSOWA, BORISOWA, USTINOW und SAWTSCHENKO (21). Die Zersetzung der Minerale mit XeF_4 oder XeF_2, die bei Temperaturen von 200 bis 500 °C in 0,5 bis 1,5 Stunden verläuft, ist einfacher, effektiver und universeller anwendbar im Vergleich zu anderen Methoden.

WOLYNEZ, SADOROSHNYJ und FLORENSKI (31) teilten ihre Ergebnisse über die probenchemische Isolierung des Stickstoffs aus verschiedenen chemischen Verbindungen mit. Die massenspektrometrische Messung ist mit einem Fehler von $\pm$ 0,05% behaftet. Untersuchungen über die Abhängigkeit des ^{15}N-Gehalts des Luftstickstoffs von geographischer Länge und Breite ergaben, daß keine Unterschiede vorhanden sind und Luftstickstoff als Standard verwendet werden kann.

Für die Aufbereitung pflanzlicher und tierischer Gewebe zur Isotopenanalyse des Schwefels schlägt MECHTIJEWA (25) mehrere Methoden vor, die auf der Oxydation des gebundenen Schwefels zu löslichem Sulfat und anschließender Ausfällung als $BaSO_4$ beruhen. Die Anwendbarkeit für verschiedene Ausgangsmaterialien wird diskutiert.

SCHERGINA und KAMINSKAJA (22) berichteten über die Aufbereitung von Gesteinsproben zur Isotopenanalyse des Bors, die über die Bildung von Borsäuremethylester erfolgt, der schließlich zu Borax verseift wird. Der Einfluß von Beimengungen wie größere K- und Na-Mengen sowie von störenden Verunreinigungen wie Schwefel, Arsen und Fluor wird eingehend erörtert.

Ausgehend von der hohen massenspektrometrischen Meßgenauigkeit des Isotopenverhältnisses von gasförmigen bzw. leichtflüchtigen Verbindungen untersuchte STRISHOW (23) die Verwendung des Eisenpentacarbonyls für die Präzisionsisotopenanalyse des Eisens. Das aus pyrophorem Eisen und Kohlenmonoxid bei 80 bis 100 °C herstellbare $Fe(CO)_5$ gewährleistet eine ausreichende Intensität und Stabilität des Ionenstroms und zeigt keine Memoryeffekte. Außerdem entstehen in der Ionenquelle in hoher Ausbeute Eisenionen, so daß keine Kombination mit den Isotopen des Kohlenstoffs und Sauerstoffs auftritt.

Interpretation von Isotopendaten, geochemische und geologische Aussagen

Über Untersuchungen zur Beurteilung des Bildungsmechanismus von Kohlenwasserstoffen berichteten GALIMOW, IWLEW und KUSNEZOWA (13). Zur Entscheidung, ob kinetische Isotopieeffekte bei der Zersetzung organischer Substanzen in Gesteinen oder Isotopenaustauschvorgänge die Isotopenzusammensetzung natürlicher Kohlenwasserstoffe verursachen, wurden die thermodynamischen Isotopieeffekte im Austauschsystem $CO_2-CH_4-C_2H_6-C_3H_8-C_4H_{10}$ theoretisch berechnet und mit den natürlich auftretenden Unterschieden der Isotopenzusammensetzung der Erdgaskomponenten verglichen. Die Ergebnisse dieser Arbeit lassen den Schluß zu, daß nicht Isotopenaustauschreaktionen zur natürlichen Isotopenverteilung führen, sondern kinetische Isotopieeffekte ausschlaggebend sind.

Isotopenaustauschreaktionen spielen dagegen wahrscheinlich eine Rolle für die Isotopenzusammensetzung des Kohlenstoffs von Kohlendioxid aus Einschlüssen in Quarz von Pegmatiten. MAMTSCHUR, WOSNJAK und KOWALISCHIN (28) fanden für die $\delta^{13}C$-Werte des CO_2 eine Abhängigkeit von der Bildungstemperatur der Einschlüsse (700 °C bis 300 °C) derart, daß der ^{13}C-Gehalt mit der Temperatur abnimmt. Sie nehmen an, daß diese Resultate das Ergebnis der Austauschreaktionen mit CH_4 sind, das gemeinsam mit dem CO_2 in den Einschlüssen vorliegt.

Über die unterschiedlichen Isotopenverhältnisse des Methankohlenstoffs aus Gasen verschiedener genetischer Gruppen und deren Schwankungsbreiten berichteten NESMELOWA und DUBROWA (29). Außer Angaben über biochemische Methanvorkommen, trockene Erdgase, Erdölbegleitgase, Gase aus Schlammvulkanen und magmatische Gase beanspruchen methanhaltige Gase aus Salzschächten Interesse, deren Isotopenzusammensetzung etwa der von Gasen aus Erdöl- und Erdgaslagerstätten entspricht.

Auch die Kohlenstoffisotopenzusammensetzung des Methans von Gasen aus Schlammvulkanen, mit der sich der Vortrag von GEMP, DUBROWA, NESMELOWA, PRASOLOW, SOLDATOWA und CHODKOWA (30) befaßt, liegt im Bereich der $\delta^{13}C$-Werte des Methans von Gasen aus Erdöl- und Erdgaslagerstätten.

Die bakterielle Tätigkeit, die für die Verteilung der Elemente und ihrer Isotope einen bedeutenden geochemischen Faktor darstellt, wurde von LEBEDEJEW, OWSJANNIKOW und MOGILEWSKIJ (27) untersucht. Sie berichten über Laboruntersuchungen zur Methanfermentation (Abhängigkeit der $\delta^{13}C$-Werte von der biochemischen Aktivität) und der Oxydation von Methan und Propan durch Kohlenwasserstoffoxydierer. Der Vergleich mit natürlichen Modellen (Untersuchungen in der Ukraine) ergibt Hinweise bei der Interpretation von biochemischen Gasanomalien, was für Theorie und Praxis der direkten geochemischen Erkundungsmethoden von Erdöl und Erdgas wichtig ist.

KROPOTOWA und MALININ (12) teilten neue Ergebnisse über die Fortführung der Arbeiten zur Untersuchung der Isotopieeffekte im Gleichgewichtssystem HCO_3^- (Lösung) $\rightleftharpoons CO_2$ (Gas) im Temperaturbereich von 25° bis 300 °C mit. Im Vergleich zu den früheren Untersuchungen wurden die Experimente unter höheren Drücken (in Bomben) durchgeführt und daher Verschiebungen der Isotopieeffekte festgestellt.

Interessant waren auch die von MAMTSCHUR (26) mitgeteilten $\delta^{13}C$-Werte von Calciten, die gemeinsam mit Schwefel vorkommen. Trotz der nur geringen Meßgenauigkeit von $\pm$ 0,2% konnte gezeigt werden, daß eine Abhängigkeit der Isotopenzusammensetzung vom Gehalt des $CaCO_3$ besteht und daß sich der Calcit in Klüften ($\delta^{13}C = -2{,}4\%$), weißer Calcit ($\delta^{13}C = -1{,}0\%$) und schwarzer Calcit ($\delta^{13}C = 0{,}0\%$) unterscheiden.

Die Isotopenzusammensetzung von Argon aus Gasen wurde von GAWRILOW, SUTSCHKOW und TEPLINSKIJ (32) für Aussagen über das Ausmaß der vertikalen und lateralen Migration benutzt. Außerdem werden in dieser Arbeit die Methoden zur Isolierung des Argons aus gelösten und freien Erdgasen sowie Erdölbegleitgasen besprochen.

3. Vortragsthemen

1. SADOROSHNYJ, I. K.
Massenspektrometrische Methode zur Analyse von Ultramikromengen inerter Gase in Gesteinen, Mineralen und Meteoriten

2. TSCHUPACHIN, M. S., & A. L. POLJAKOW
Methode zur Stabilisierung des Ionenstromes im Massenspektrometer bei der Untersuchung der Isotopenzusammensetzung von Elementen aus fester Phase

3. LEWSKIJ, L. K., A. N. MURIN & W. G. SASLAWSKIJ
Anwendung der Thermoionenemission bei der Isotopenanalyse von Blei und Lithium

4. TSCHERNYSCHEW, I. W., & L. L. SCHANIN
Fragen zur Methode der massenspektrometrischen Messung der Isotopenzusammensetzung des Bleis

5. USTINOW, W. I., W. P. STRISHOW & J. M. ARTEMOW
Massenspektrometrische Bestimmung der Isotopenzusammensetzung von Kalzium und Magnesium

6. JAKUBOWSKIJ, A. W., W. A. POLJAKOW & N. W. ISAJEW
Bestimmung des Deuteriumgehalts natürlicher Wässer mit einem serienmäßigen Massenspektrometer MI 1305

7. BRESGUNOW, W. S., & W. N. SOJFER
Fotoneutronenmethode zur Messung der Variationen der Wasserstoffisotopenzusammensetzung natürlicher Wässer in großen Serien

8. BRESGUNOW, W. S., W. N. SOJFER & L. S. WLASOWA
Methode der direkten Deuteriumbestimmung in Erdölen nach der Fotoneutronenmethode

9. MOLOTSCHNOWA, W. A., A. W. GOREW & A. L. SUWOROW
Über die Vervollkommnung der Methode der Bestimmung des Deuteriums in natürlichen Wässern nach der Fotoneutronenmethode

10. SHIGLINSKIJ, A. G., A. A. KALMAKOW, I. P. PRESNUCHINA, T N CHLOPINA & E. N. FAFURINA
Untersuchungen der Lichtquellen und Methoden, die bei der Spektralanalyse zur Isotopenbestimmung verwendet werden

11. ALEKSANDROW, E. P., & W. I. MALYSCHEW
Anwendung einer Autokollimationsanlage des Interferometers nach FABRY-PEROT für die Spektralisotopenanalyse des Bleis

12. KROPOTOWA, O. I., & S. D. MALININ
Zur Methode der Untersuchung des Isotopengleichgewichts des Kohlenstoffs unter hydrothermalen Bedingungen

13. GALIMOW, E. M., A. A. IWLEW & N. G. KUSNEZOWA
Methode zur Untersuchung des Bildungsmechanismus von Kohlenwasserstoffen auf der Grundlage des Vergleiches der Kohlenstoffisotopenzusammensetzung natürlicher Kohlenwasserstoffkomponenten und theoretisch ermittelte thermodynamische Isotopieeffekte im System CO_2–CH_4–C_2H_6–C_3H_8

14. DONZOWA, E. I
Über Standards für die Isotopenanalyse des Sauerstoffs

15. GRINENKO, W A , & L. N GRINENKO
Standards für Isotopenanalysen des Schwefels

16. GALIMOW, E M.
Isotopenstandards für Kohlenstoff

17. SYKOW, S. I.
Standards für die Isotopenanalyse des Bleis

18. PRILUZKIJ, E. R.
Über die Berechnung der Ergebnisse bei der Kompensationsmethode massenspektrometrischer Messungen

19. SUCHOWERCHOW, W. F., W. I. USTINOW & W. A. GRINENKO
Methode zur quantitativen Isolierung des Sauerstoffs für die Isotopenanalyse aus natürlichen Materialen unter Verwendung von Komplexsalzen des Typs $MeBrF_6$

20. DONZOWA, E. I.
Quantitative Gewinnung des Sauerstoffs aus Gesteinen und Mineralen nach der Methode der Hochtemperaturreduktion mit Kohlenstoff zur Isotopenanalyse

21. BORSCHTSCHEWSKIJ, J. A., CH. B. AMOSAWA, S. L. BORISOWA, W. I USTINOW & J. I. SAWTSCHENKO
Xenonfluoridmethode zur quantitativen Gewinnung des Sauerstoffs aus Mineralen für die Isotopenanalyse

22. SCHERGINA, J P., & A. B. KAMINSKAJA
Forderungen an die Reinheit der Proben, die bei der Isotopenanalyse des Bors verwendet werden

23. STRISHOW, W. P.
Verwendung des Eisencarbonyls für die massenspektrometrische Präzisionsanalyse der Isotopenzusammensetzung des Eisens

24. GALIMOW, E. M., W. A GRINENKO, B. A DEMBINSKIJ & E. I. IWANOW
Universelle Apparatur für die Probenumarbeitung zur massenspektrometrischen Präzisionsanalyse der Isotopenzusammensetzung des Kohlenstoffs

25. MECHTIJEWA, W L.
Vorbereitung des Schwefels pflanzlicher und tierischer Gewebe zur Isotopenanalyse

26. MAMTSCHUR, G. P
Über die Kohlenstoffisotopenzusammensetzung des Calcits, der gemeinsam mit Schwefel vorkommt

27. LEBEDEW, W S, W. M. OWSJANNIKOW & G A. MOGILEWSKIJ
Bakterielle Fraktionierung der Kohlenstoffisotope und einige Fragen ihrer Geochemie in rezenten Ablagerungen

28. MAMTSCHUR, G. P., D. K. WOSNJAK & S. I. KOWALISCHIN
Isotopenzusammensetzung des Kohlenstoffs von Kohlendioxid, das bei verschiedenen Temperaturen in Einschlüssen von Quarzpegmatiten Wolyniens enthalten ist

29. NESMELOWA, S N, & N. W. DUBROWA
Verteilung der stabilen Kohlenstoffisotope im Methan der Gase verschiedener genetischer Gruppen

30. GEMP, S. D., N. W. DUBROWA, S. N. NESMELOWA, E. M. PRASOLOW, K. S. SOLDATOWA & I. A. CHODKOWA
Isotopenzusammensetzung des Kohlenstoffs und Argons der Gase von Schlammvulkanen des Kertsch–Tamaner Gebietes

31. WOLYNEZ, W. F, I. K. SADOROSHNYJ & K. P. FLORENSKIJ
Präzisionsmessung der Isotopenzusammensetzung des Stickstoffs in natürlichen Objekten

32. GAWRILOW, E. J., A. M. SUTSCHKOW & G. I. TEPLINSKIJ
Bestimmung der Isotopenzusammensetzung des Argons in Erdgasen und Interpretation der Ergebnisse

33. MAMURIN, B. A., G. S. ANUFRIJEW, I. L. KAMENSKIJ & I. N. TOISTICHIN
Anwendung eines Magnetresonanz-Massenspektrometers für die Isotopenanalyse des natürlichen Heliums

34. DOSTAL, P, F. BIGL & W. ROLLE
Deuteriumbestimmung mit einem Spezialmassenspektrometer

35. PILOT, J.
Altersbestimmungen nach der K–Ar-Methode an Salzen

36. BOTNEWA, T. A, E. P. MÜLLER & I. MAASS
Über die Isotopenzusammensetzung des Kohlenstoffs von Erdölen und ihren Fraktionen

Abgrenzung der Vorratsklassen von Kaliflözen nach dem mittleren Fehler des nutzbaren Flächenanteils

ERNST STOLLE, Sondershausen

(Mitteilung aus dem Kaliforschungsinstitut, Sondershausen)

Problemstellung

Die Zentrale Vorratskommission für mineralische Rohstoffe der DDR verzichtete in der „Klassifikation der Lagerstättenvorräte fester mineralischer Rohstoffe der DDR" (1963) sowie auch in der Instruktion zur Anwendung derselben auf die Kali- und Steinsalzlagerstätten (1963) bewußt auf die Festlegung von Toleranzen (auf Vorratsklassen bezogene Genauigkeitsgrenzen, innerhalb deren ein angegebener Wert liegen muß, um als richtig zu gelten). F. STAMMBERGER (1956, 1959 u. a.) begründete dies sinngemäß mit folgenden hauptsächlichen Argumenten.

Eingang des Manuskripts in der Redaktion 17. 6. 1969.

1. Erlaubte Fehlergrenzen erhöhen weder die Genauigkeit der Angaben, noch tragen sie zu einer Verbesserung der Vorratsberechnungen bei.

2. Es ist überflüssig, solche Toleranzen für die einzelnen Vorratsklassen mit unterschiedlicher Größe in die Definitionen letzterer einzubeziehen, da die Zuverlässigkeit bei den Klassen A bis C_1 größenordnungsmäßig relativ konstant ist.

3. Die unvermeidlichen Ungenauigkeiten bei der Ermittlung von Lagerstättenvorräten sind bei einer methodischen Durchführung der geologischen Erkundung und systematischen Kontrolle der Ergebnisse für die Bedürfnisse von Industrie und Wirtschaft unwesentlich (allg. Abweichungen von $\pm$ 5 bis 10%).

4. Die Wirtschaftsorgane können mit Toleranzen nichts anfangen, da selbst die angegebene Mindestmenge keineswegs garantiert werden kann.

5. Wahrscheinlichkeitsrechnungen, Angaben über Repräsentationsfehler bzw. unvermeidbare Ungenauigkeiten bei Vorratsberechnungen oder die Ergebnisse anderer derartiger mathematisch-statistischer Untersuchungen könnten volkswirtschaftlich die gleiche Aufgabe übernehmen, wie sie den weniger sinnvollen Toleranzen zugedacht war.

6. Auf eine Ergänzung der Vorratsklassifikation durch Festlegung von Toleranzen oder von etwas ähnlich Wirksamem ist so lange zu verzichten, bis entsprechende Untersuchungen zu einem positiven Ergebnis geführt haben.

Den Punkten 1 und 5—6 kann vorbehaltslos zugestimmt werden. Die unter 2—4 getroffenen Feststellungen gelten jedoch für den Kalibereich nur mit Einschränkung. STAMMBERGER (1956, 1959 u. a.) geht davon aus, daß eine größenordnungsmäßig ähnliche Anzahl von Bemusterungspunkten beim C_1-Vorratsblock über eine relativ große, beim B- oder A-Block über eine wesentlich kleinere Fläche jeweils $\pm$ gleichmäßig verteilt ist. Das ist bei der Kalisalzerkundung aber nicht der Fall. Hier unterscheiden sich die Blöcke der Vorratsklassen C_1—A, deren Dimensionen meist durch bergtechnische Bedingungen einheitlich vorgegeben sind (Vorratsblock = künftige Abbaueinheit), in der Regel durch ein- bis drei- oder vierseitige Umfahrung. Entsprechend erhöht sich auch die Anzahl der Bemusterungspunkte, deren Abstände in den Strecken je nach geologischer Situation vielfach einheitlich zwischen 20 und 40 m liegen. Große Unterschiede im Erkundungsaufwand, d. h. im Umfang der blockrandlichen Auffahrungen und der Bemusterung, können sich auf die Aussagesicherheit der Gehalts- und Mächtigkeitsmittelwerte wesentlich auswirken. Das gilt besonders dann, wenn unregelmäßig verlaufende Kalianreicherungs- oder Verarmungszonen bzw. Flözanstauungen oder -ausdünnungen vorkommen. Dergleichen Erscheinungen machen mitunter sogar die Aufgliederung eines Blockes in mehrere statistische Grundgesamtheiten (Teilblockberechnungen) erforderlich, um bei der Abbauplanung für die einzelnen Blockteilbereiche zuverlässige Mittelwerte einsetzen zu können.

Erfahrungsgemäß wirkt sich die horizontale Absetzigkeit der interessierenden Flözausbildungsart auf die Genauigkeit der Vorratsberechnung noch wesentlich stärker aus als eine erhöhte Veränderlichkeit vorgenannter Parameter. Fast in allen Kalisalzlagerstätten sind der bauwürdigen Ausbildung unterschiedlich dimensionierte nichtnutzbare Flächenanteile, beispielsweise Vertaubungen oder Carnallitit in Hartsalzbaufeldern, eingeschaltet. Die Einschätzung der Flächengröße und des Grenzverlaufs derselben ist bei einseitiger Blockumfahrung (C_1-Vorrat) mit einem erheblich größeren Fehler behaftet als bei zweiseitiger (meist B-Vorrat) bzw. drei- oder vierseitiger Umfahrung (meist A-Vorrat). Die den Klassen C_1—A von STAMMBERGER (1958) einheitlich unterstellten mengenbezogenen Abweichungen von maximal $\pm$ 10% werden bei den B-Vorräten zuweilen um mehr als das Doppelte, bei den C_1-Vorräten oft um ein Mehrfaches überschritten. Positive und negative Abweichungen halten sich aber in der Regel die Waage und gleichen sich im Grubengesamtmaßstab größtenteils aus. Somit beeinträchtigen diese vorwiegend als unvermeidbar geltenden Fehler die Genauigkeit der Summenwerte der Gesamtvorräte (A—C_1) im allgemeinen nicht wesentlich und lassen auf letztere bezogene Toleranzen tatsächlich überflüssig erscheinen. Grundsätzlich anders ist die Situation jedoch, wenn für die engräumige Erkundung und besonders für die Abbauplanung die Zuverlässigkeit blockbezogener Vorratszahlen und Parameterwerte konkret einzuschätzen ist. Auch BINTIG (1961) gelangte bei einer Analyse der Genauigkeit der Vorräte der einzelnen Vorratsklassen und der sie beeinflussenden Faktoren zu der Feststellung, „daß zwischen den einzelnen Klassen — wenn man jeweils von der gleichen Berechnungseinheit, einem einzelnen Block, ausgeht — tatsächlich Unterschiede in der Genauigkeit der Angaben existieren". Die Untersuchung dieser Unterschiede war und ist aus folgenden Gründen ein dringendes Bedürfnis der Industrie.

Die Anforderungen an die geologische Beurteilung unverritzter Blöcke und Feldesteile sind mit zunehmender Konzentration der Gewinnung auf wenige Baublöcke erheblich gestiegen, ohne daß man sich deshalb einen erhöhten Erkundungsaufwand leisten kann. Ökonomische Gründe gebieten vielmehr, den Streckenvorlauf möglichst gering zu halten; denn die Wirtschaftlichkeit des Großgeräteeinsatzes sinkt stark mit zunehmender Entfernung zwischen Gewinnungspunkten und Füllstelle einerseits und den Streckenvortrieben andererseits. Seiner Mitverantwortung für alle lagerstättenabhängigen Betriebsentscheidungen kann der Geologe nur gerecht werden, wenn er auf der Grundlage komplexer mathematisch-statistischer Untersuchungen quantitativ belegt, in welcher Weise Lagerstättentyp, Erkundungsaufwand, Vorratseinstufung und klassenbezogenes Abbaurisiko miteinander verquickt sind. Zu diesem Aufgabenkomplex erfolgten in den letzten Jahren im Kaliforschungsinstitut Sondershausen (STOLLE 1968) vorbereitende Untersuchungen. Dabei kristallisierten sich zwei Schwerpunkte heraus. Zuerst wurden vermittels eines empirischen Verfahrens die Fehlerbereiche der Vorratsklassen in Blöcken mehr oder weniger absetziger Kalisalzlagerstätten ermittelt. Über das Resultat dieser Untersuchungen wird in vorliegender Arbeit berichtet. In einer zweiten Etappe wurde eine Klassifizierung der Veränderlichkeit der wichtigsten Lagerstättenmerkmale vorgenommen. Mit deren Hilfe konnte schließlich eine komplexgefaßte, mit Erkundungsrichtwerten gekoppelte Lagerstättentypisierung erarbeitet werden. Diese Ergebnisse sollen in einer späteren Publikation dargelegt werden (E. STOLLE 1969).

Untersuchungsmethodik

In kritischer Auseinandersetzung mit dem Problem der „Toleranzen bei Vorratsangaben und deren Aussagesicherheit" empfiehlt F. STAMMBERGER (1959), der Wahrscheinlichkeitsrechnung und ihren Gesetzen größere Aufmerksamkeit zu widmen. Er führt u. a. aus: „Wenn es gelänge, ... einen einwandfreien Wahrscheinlichkeitskoeffizienten zu errechnen, dürfte es möglich sein, die Definitionen unserer Vorratsklassen durch den Hinweis zu ergänzen, daß die Wahrscheinlichkeit der Vorratsangaben z. B. nicht unter 0,9 oder 0,8 liegen darf. ... In diesem Falle wären die Wahrscheinlichkeitsangaben über die Vorräte zwar prinzipiell etwas anderes als Toleranzen, da sie die Wahrscheinlichkeit des Zutreffens der Vorratsangabe betreffen, und keineswegs wären sie gleichbedeutend mit der Größe des Fehlers der Angabe, die von 0 bis 100 schwanken könnte. Volkswirtschaftlich jedoch würden sie die gleiche Aufgabe übernehmen." Ihre Einbeziehung in die Definition der Vorratsklassen müßte möglich sein. STAMMBERGER selbst hält es aber für fraglich, ob die Berechnung der Wahrscheinlichkeit klassenbezogener Vorratsangaben einwandfrei realisierbar ist. Auf jeden Fall setzen die praktische Durchführung derartiger Untersuchungen wie auch die anschließende routinemäßige Anwendung der erprobten Methoden ein bereits gut funktionierendes System moderner Erfassung und elektronischer Verarbeitung der bei untertägiger Erkundung und Salzgewinnung anfallenden Lagerstättendaten voraus. Wegen Nichterfüllung dieser Bedingungen zur Zeit des Beginns der Untersuchungen konnten entsprechende Wege zur Lösung des zur Diskussion stehenden Problems noch nicht gefunden werden.

Die volle Aufmerksamkeit mußte daher den ebenfalls bereits von STAMMBERGER (1959) diskutierten empirischen Verfahren zugewandt werden. Am vorteilhaftesten wäre es, wenn man seinem Vorschlag folgen und für eine statistisch repräsentative Anzahl abgebauter Vorratsblöcke die ursprünglich berechneten Vorräte mit den beim Abbau tatsächlich angetroffenen in qualitativer und quantitativer Hinsicht vergleichen könnte. Dafür liegt aber zu wenig brauchbares Datenmaterial aus der Abbaubemusterung vor, und auch in naher Zukunft ist ein solches in hinreichendem Umfang nicht zu erwarten. Diese Methode konnte daher nicht unmittelbar zur Anwendung gelangen, jedoch war dies in einer etwas modifizierteren Weise möglich. In allen Feldesteilen mit mehr oder weniger starker Absetzigkeit der bauwürdigen Flözausbildung wird nämlich durch die Gewinnungsarbeiten ein detailliertes Bild über die tatsächlichen Salzverteilungsverhältnisse gewonnen, das mit dem auf Grund der Streckenaufschlüsse ehemals berechneten recht gut verglichen werden kann. Geklärt werden mußte aber zunächst, ob die zur Zeit weniger gut faßbaren Repräsentationsfehler der Mächtigkeits- und Gehaltsmittelwerte in ihrem Einfluß auf die Genauigkeit der Vorratsberechnung gegenüber dem mittleren Fehler des nutzbaren Flächenanteils von gleichrangiger oder untergeordneter Bedeutung sind. Eine grob überschlägliche Betrachtung der Veränderlichkeit der verschiedenen Lagerstättenmerkmale führte bereits zu einer eindeutigen Beantwortung dieser Frage. Ausschlaggebend war die Zugehörigkeit der meisten in der DDR in Abbau stehenden Kaliflözbereiche zu den Lagerstättentypen 3 und 4 (STOLLE 1969) mit ihrem vielfach über 30% betragenden Flächenanteil nichtnutzbarer Ausbildung (Tab. 1). Der im allgemeinen unregelmäßige Verlauf der Salzgrenzen bedingt, daß mit der Übertragung der blockrandlichen Salzverteilungsverhältnisse auf den Gesamtblock eine weit größere Unsicherheit in die Vorratsmengenberechnung gebracht wird, als dies infolge starker Streuung der Gehalte und Mächtigkeiten der Fall ist. Aus diesem Grunde wurde die horizontale Absetzigkeit als Hauptgrundlage für die empirische Ermittlung von Fehlerbereichen der Vorratsklassen benutzt und den übrigen Lagerstättenparametern ein nur modifizierender Einfluß zuerkannt.

Untersuchungsgrundlage waren 27 bereits ausgesalzene Abbaublöcke (Veränderlichkeitsklasse bzw. Lagerstättentyp 2—4 gemäß Tab. 1) mit unterschiedlichen Anteilen von Hartsalz und Vertaubung bzw. Hartsalz und nicht abzubauendem Carnallitit. Etwa gleiche Blockdimensionen (ca. 450 m × 450 m), die größenmäßig modernen Abbaublöcken entsprechen, garantieren die Vergleichbarkeit der Ergebnisse. Die auf Salzverteilungsrissen planimetrierten Flächenanteile der einzelnen Salzarten wurden mit den sich aus unterschiedlicher Blockumfahrung rechnerisch ergebenden Werten verglichen. Dabei entsprachen die angewandten Kombinationen der Blockumfahrungsstrecken jeweils

Tab. 1. Klassifizierung der horizontalen Absetzigkeit als Hauptgrundlage der Lagerstättentypisierung

Klasse	
Klasse 1:	großflächig (über mehrere Großblöcke hinweg), einheitliche Ausbildung als Hartsalz, Sylvinit, Carnallitit oder bauwürdiges Mischsalz; sehr selten Einschaltung kleiner Inseln (< 15 m Durchmesser) unbauwürdiger Beschaffenheit (Ausdünnungen, Vertaubungen, Carnallitit in Hartsalzbaufeldern des Staßfurtflözes etc.); Mindestflächenanteil nutzbaren Salzes 85%
Klasse 2:	großflächig (s. Klasse 1), einheitliche Ausbildung, mit möglicher Einschaltung relativ kleiner Inseln (bis einige Dekameter Durchmesser) unbauwürdiger Beschaffenheit (s. Klasse 1); Übergang zu relativ großflächig entwickelter unbauwürdiger Flözentwicklung, richtungsgebunden; Mindestflächenanteil nutzbaren Salzes 70%
Klasse 3:	groß- bis mittelflächig (über einen bis mehrere Großblöcke hinweg), einheitliche Ausbildung mit möglichen inselartigen Einschaltungen (bis 100 m Durchmesser) unbauwürdiger Beschaffenheit (s. Klasse 1); Verzahnung mit relativ großflächiger unbauwürdiger Flözentwicklung (100 m bis mehrere km Durchmesser), unregelmäßig; Mindestflächenanteil nutzbaren Salzes 55%
Klasse 4:	mittel- bis kleinflächig (mehrere Dekameter bis einige Hektometer Durchmesser), einheitliche Ausbildung als Hartsalz, Sylvinit, Carnallitit oder als bauwürdiges Mischsalz; regellos wechselnd mit ebenfalls unterschiedlich ausgedehnten Flächen unbauwürdiger Flözentwicklung oder innerhalb letzterer nur inselartiges Auftreten bauwürdiger Salzgesteine
Klasse 5:	extrem gehäufte unübersichtliche Salzwechsel

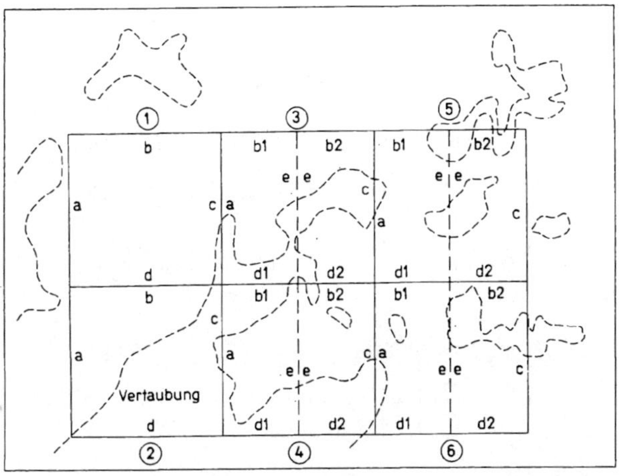

Abb. 1. System der Streckenerkundung im Lagerstättentyp 3 (KK Werra, Flöz Hessen)

den realen Möglichkeiten feldwärtiger Streckenerkundung. Bei der anschließenden Abgrenzung der Vorratsklassen auf der Grundlage der vom Blockumfahrungsgrad und Lagerstättentyp abhängigen Fehlerabstufung galt es, folgende Gesichtspunkte zu berücksichtigen:

1. In die für den Abbau unmittelbar in Frage kommenden Vorräte der Klassen A und B dürfen keine Blöcke einbezogen werden, bei denen ein relativ hoher Flächenfehler möglich ist.

2. In den verschiedenen Lagerstätten dürfen nicht allzu viele Blöcke mit hohem Erkundungsgrad der Einbeziehung in die Vorratsklassen A und B entgehen.

3. Der Vorratsklasse C_1 gebührt ein wesentlich breiterer Bereich der Eingruppierungsmöglichkeit, da sie, von seltenen Ausnahmen abgesehen, alle bergmännisch bereits erschlossen, aber noch relativ gering erkundeten Blöcke der Grube umfassen muß.

4. Die in der Vorratsklassifikation der DDR (1963) für die einzelnen Vorratsklassen formulierten Einstufungsbedingungen müssen erfüllt sein.

5. Die unter 1—4 genannten Gesichtspunkte können nur die Größenordnung der Abgrenzungswerte bestimmen; deren detaillierte Festlegung ist eine Sache der Vereinbarung, wobei dann auch auf einen einprägsamen Raster Wert zu legen ist.

Ergebnisse

Die Untersuchung der Abweichung (in %) des rechnerisch ermittelten nutzbaren Flächenanteils vom planimetrierten „tatsächlichen" Anteil in den Testblöcken wird am Beispiel des Blockes 4 der Abb. 1 demonstriert (Tab. 2). Ein derart absetziger Einzelblock (Typ 3) gibt die mit zunehmendem Aufschlußgrad zu erwartende Abnahme des Fehlers nur sehr undeutlich zu erkennen. Erst die zusammenfassende Auswertung einer größeren Anzahl untersuchter Blöcke läßt — und zwar mit zunehmender Blockzahl immer deutlicher — den Trend relativ gleichmäßiger Fehlerverminderung in Erscheinung treten, wie Abb. 2 zeigt. Bei den hier dargestellten Beispielen der Typen 3 und 4 sind ein mit abnehmender Blockumfahrung nahezu linearer Anstieg der Fehler und eine zugleich auch vom Lagerstättentyp deutlich beeinflußte Größenordnung derselben unverkennbar.

Tab. 2. Abweichung der errechneten von der planimetrierten Hartsalzfläche bei verschiedenen Blockerkundungsstadien im Testblock 4 der Abb. 1

Blockseite	Blockumfahrung	Blockseiten	Abweichung in %
a	450 m	1	60
b	450 m	1	15
c	450 m	1	8
d	450 m	1	98
ø a—d	**450 m**	1	**45**
b+a	900 m	2	39
b+c	900 m	2	4
ø b+a u. b+c	**900 m**	2	**21**
a+b+c	**1350 m**	3	**22**
a+b+c+d	**1800 m**	4	**39**
a+b+c+d+e	**2250 m**	4+1 (Mittelstrecke)	**17**

Von den Lagerstättentypen 1 und 2 waren keine bzw. nur sehr wenige Blöcke für einschlägige Untersuchungen verfügbar. Auf ihre Darstellung in Abb. 2 wurde wegen statistisch ungenügender Repräsentanz verzichtet. Die den unterschiedlich erkundeten Vorratsblöcken dieser Typen in Abb. 3 zugeordneten mittleren Fehler wurden, ausgehend von etlichen Einzelwerten, im wesentlichen durch die folgerichtige Erweiterung der direkt belegten Fehlerskala (Typ 3 und 4) fixiert.

Die aus den Testblöcken statistisch abgeleiteten mittleren Fehler des nutzbaren Flächenanteils wurden relativ geringfügig ausgeglichen, um zu abgerundeten Zahlenwerten eines einprägsamen Rasters zu gelangen. Vom Autor wurden unter Berücksichtigung der obengenannten Grundsätze die $\pm$ 15, $\pm$ 25 und $\pm$ 45% betragenden mittleren Fehler für die Abgrenzung der Vorratsklassen A, B und C_1 als zweckmäßig erachtet. Diese Fehler ergeben sich in den einzelnen Lagerstätten-

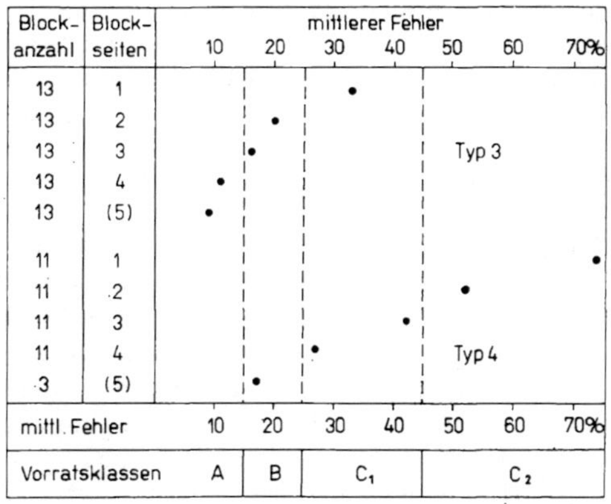

Abb. 2. Vorratsklassenbegrenzung nach dem mittleren Fehler des errechneten nutzbaren Flächenanteils bei unterschiedlicher Umfahrung von 24 Testblöcken (Blockseite 5 = blockhalbierende Strecke)

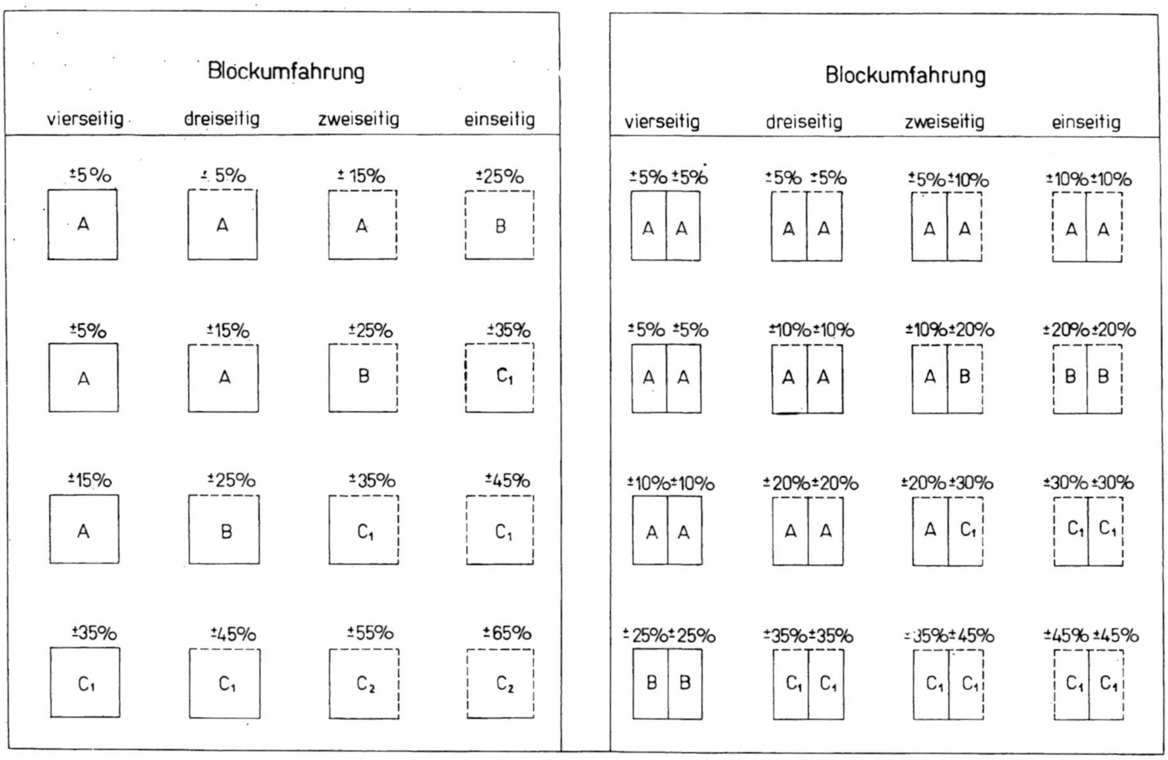

Abb. 3. Vorratsklasseneinstufung unterschiedlich erkundeter Blöcke in Kalilagerstättentypen 1—4 (ausgeglichene Fehlerabstufung)

typen bei unterschiedlichem Blockumfahrungsgrad. Umgekehrt führen gleiche Erkundungsaufwendungen für Blöcke unterschiedlicher Lagerstättentypen zu verschiedenen Fehlergrößen. Dieser Fakt steht in Einklang mit einer analogen Feststellung, die STAMMBERGER (1962) unter Bezugnahme auf den Einfluß der Lagerstättenveränderlichkeit (allg.) gemacht hat.

Der mittlere Fehler des nutzbaren Flächenanteils trägt wesentlich zur Quantifizierung des jeweiligen Erforschungsgrades (Vorratsklassifikation 1962) eines Blockes bei. Diese enge Beziehung zu den Vorratsklassen konnte somit dem in Abb. 3 dargestellten Schema zur Einstufung der Vorräte bzw. zur Fehlereinschätzung letzterer zugrunde gelegt werden. Der hauptsächlich auf Salzstockverhältnisse orientierende Lagerstättentyp 5 blieb unberücksichtigt, da er für die Praxis unbedeutend ist. Das vorliegende Schema beinhaltet eine Fehlerabstufung von jeweils 10% bei ein-, zwei-, drei- und vierseitiger Blockumfahrung und gleichem Lagerstättentyp. Dieselbe Abstufung ergibt sich bei gleicher Blockumfahrung, aber wechselnder Zugehörigkeit zum Typ 1, 2 und 3. Die Gleichmäßigkeit des Fehleranstiegs wird unterbrochen beim Übergang von Lagerstättentyp 3 zu 4, wo der Sprung allgemein 20% beträgt. Es fällt weiterhin der vierseitig umfahrene Block des Typs 1 heraus, bei dem der Fehler dem Abstufungsprinzip entsprechend 0 betragen müßte. Unter Berücksichtigung der möglichen anderweitigen Fehlereinflüsse wurde hier ein Fehler von $\pm$ 5% eingesetzt.

Allgemein wurden die Fehleruntersuchungen zunächst auf Großblöcke von ca. 400 m $\times$ 400 m bis 500 m $\times$ 500 m bezogen (Abb. 3, links). In manchen Fällen bedingen aber Abbauverfahren, wettertechnische Gesichtspunkte oder auch Erkundungsprobleme die zusätzliche Auffahrung von Mittelstrecken, woraus dann Blockdimensionen von etwa 200 m $\times$ 400 m bis 250 m $\times$ 500 m resultieren. Ausgehend von dem Schema vorgenannter Großblöcke wurde für die im allgemeinen besser überschaubaren Kleinblöcke bei gleicher Anzahl von Auffahrungsstrecken eine Fehlerreduzierung von jeweils 5% bei den Typen 1—3 und von 10% beim Typ 4 geschätzt (Abb. 3, rechts). Die sich bei Großblöcken des Typs 4 durch Erweiterung der Fehlerskala ergebenden Fehlerbereiche von mehr als $\pm$ 45% sind nicht als spezifisch für C_2-Vorräte anzusehen. Sie sollen in erster Linie den für C_1-Vorräte unzureichenden Erkundungsgrad aufzeigen. Auf die außerordentliche Problematik einer Fehlerangabe für C_2-Vorräte weist STAMMBERGER (1959) hin. Danach ist eine derartige Festlegung „selbst wenn wir hier zu einer Einigung kämen, subjektiv, kann sich als unrichtig erweisen und ist in hohem Maße willkürlich". Auf eine Untersuchung der dieser Vorratsklasse anhaftenden Fehler wurde daher im Rahmen der bisher gelaufenen Arbeiten verzichtet.

An Hand der Abb. 4 soll demonstriert werden, daß der mittlere Fehler des errechneten nutzbaren Flächenanteils nicht nur vom Streckenauffahrungsumfang (ein- bis vierseitige Blockumfahrung) abhängig ist, sondern auch von der Größenordnung des tatsächlichen Anteils nutzbaren Salzes (z. B. Hartsalz) am Gesamtblock. Die für die Fehlerpunktwolke der 27 Testblöcke errechnete Ausgleichsgerade ($y = ax + b$) verlagert sich mit

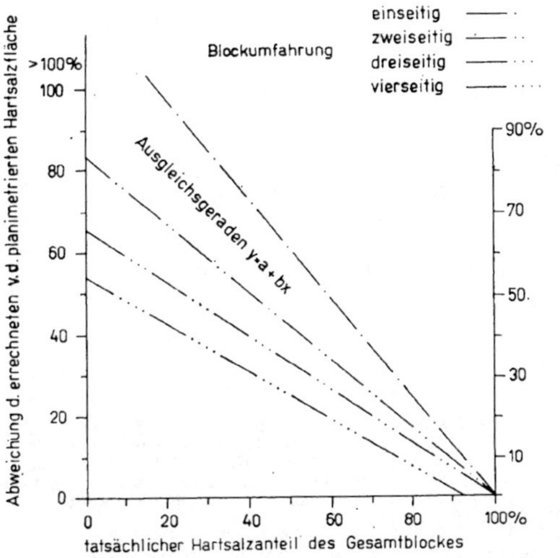

Abb. 4. Abhängigkeit des mittleren Fehlers von der Größenordnung des nutzbaren Flächenanteils und vom Blockumfahrungsgrad (Darstellung als Ausgleichsgeraden der Fehlerpunktwolken)

zunehmendem Streckenauffahrungsumfang konsequent im Sinne abnehmender Fehlergrößen. Dabei zeigt sich eine besonders starke Verringerung des Fehlers bei mittleren und niedrigen Hartsalzanteilen. Nahezu gleichbleibend niedrige Fehler sind an die Bereiche hoher Hartsalzanteile gebunden. Bei 50% Hartsalzanteil sinkt beispielsweise der Fehler von 60% bei einseitiger auf 25% bei vierseitiger Umfahrung. Bei einer Aufgliederung der in Abb. 4 enthaltenen Einzelblöcke auf die Klassen der horizontalen Absetzigkeit (Lagerstättentypen) konnte für das Schema der Vorratsklasseneinstufung (Abb. 3) eine zusätzliche Bestätigung erbracht werden.

Die für die Vorratsklassen speziell der Kalilagerstätten (DDR) empirisch ermittelten Fehlerbereiche gestatten nur bedingt nachfolgenden Vergleich mit denjenigen, die für verschiedene Mineralgebiete in den anderen sozialistischen Ländern erarbeitet wurden. Auf Grund anderer Untersuchungsmethoden bedeuten jene inhaltlich teilweise etwas anderes (Tab. 3).

Tabelle 3

	A	B	C_1	C_2
DDR (nur Kali)	± 15	± 25	± 45	± 65?
ČSSR (Soukup 1967)	± 5 – 10	± 20	± 40	± 80
Ungarische VR (Benkö 1964)	± 12	± 15	± 25	± 49
VR Polen (Krajewski 1962)	± 10	± 15	± 25	± 40

Ein genauer Überblick über die etwaige Verbindlichkeit dieser Genauigkeitsgrenzen im Sinne von Toleranzen läßt sich aus der Fachliteratur der einzelnen Länder momentan nicht erlangen. Bei dem Vergleich der Zahlenwerte wird deutlich, daß der Fehlerbereich Kali, DDR, in der Vorratsklasse C_1 wesentlich weiter gefaßt ist als derjenige in den Skalen der meisten anderen Länder. Die Notwendigkeit dazu resultiert hauptsächlich aus dem Umstand, daß im Kalibergbau die C_2-Vorräte des Grubenvorfelds durch die Streckenerkundung zumindest in die Vorratsklasse C_1 übergeführt werden sollen, und zwar auch dann, wenn infolge starker Lagerstättenveränderlichkeit für die Vorratsberechnung eine nur sehr geringe Genauigkeit der Parameterwerte garantiert werden kann.

Zusammenfassung

Der im Kalibergbau anzustrebende ökonomisch günstigste Einsatz der Großgeräte zwingt zu weitgehender Betriebskonzentration, wobei die zusätzlich zur Aus- und Vorrichtung aufzufahrenden Erkundungsstrecken auf ein geologisch vertretbares Minimum zu beschränken sind. Das erfordert eine quantitative Einschätzung des Risikos, das mit dem Abbau unterschiedlich erkundeter Vorratsblöcke jeweils verbunden ist. Die Möglichkeit dazu ergab sich aus der systematischen Untersuchung der den blockbezogenen Vorratsberechnungen anhaftenden Fehler. Als diesbezüglich einflußreichster Faktor erwies sich die horizontale Absetzigkeit. In 27 bereits ausgesalzenen Testblöcken wurde ein Vergleich des planimetrierten nutzbaren Flächenanteils mit dem auf Grund von Streckenaufschlüssen errechneten durchgeführt. Für den daraus abgeleiteten mittleren Fehler ergab sich eine deutliche Abhängigkeit vom Grad der Blockumfahrung und vom Lagerstättentyp. Nach geringfügiger Ausgleichung der Fehlerabstufung und unter Beachtung einiger vorgegebener Grundsätze wurde die Fehlerskala einer Abgrenzung der Vorratsklassen zugrunde gelegt. Die vom Autor (1968) vorgeschlagenen Fehlerbereiche ±15%, ±25% und ±45% für die Vorratsklassen A, B und C_1 erweisen sich gegenüber den mit ähnlicher Zielstellung in der ČSSR, der VR Polen und der Ungarischen VR erarbeiteten Toleranzen etwas weiter gefaßt; allerdings beziehen sie sich auch nur auf Kalisalzvorratsblöcke. Es ist eine Sache der Vereinbarung, wie die Grenzwerte endgültig festgelegt werden. Die künftige routinemäßige Ermittlung der Fehler blockbezogener Vorratsangaben als Grundlage für die jeweilige Klasseneinstufung und die betriebliche Bewertung des als Abbaueinheit vorgesehenen Blockes setzt ein gutfunktionierendes Erfassungssystem für die Lagerstättendaten und eine komplexe Auswertung derselben mittels elektronischer Datenverarbeitung voraus. Die vorbereitenden Arbeiten dazu sind auf breiter Basis angelaufen. Vorliegende Arbeit leistet einen Beitrag auch in dieser Richtung.

Резюме

При разработке месторождений калийных солей необходимо добиться экономного использования мощного оборудования, что обуславливает усиленное объединение отдельных предприятий, причем количество проходок подготовительных штреков надо сократить до геологически допустимого минимума. Это требует количественной оценки риска, связанного с разработкой блоков запасов неодинаковой степени разведанности. Такая возможность возникла при систематическом исследовании ошибок подсчета запасов блоков. Наиболее важным фактором в этом отношении оказалось горизонтальное выклинивание. На примере 27 уже разработанных испытательных блоков проводилось сопоставление планиметрированной доли полезной площади с цифровыми данными, полученными по штрековым выработкам. Производная средняя ошибка при этом обнаруживает отчетливую зависимость от степени разведанности блока и от типа месторождения. После незначительного уравнения градации ошибок и с учетом нескольких заданных принципов, шкала ошибок была положена в основу разграничения классов запасов. Предложенные автором (в 1968 г.) интервалы погрешности ± 15%, ± 25% и ± 45% для классов запасов A, B и C_1 оказались немного большими, чем разработанные при аналогичных работах в ЧССР, НР Польше и НР Венгрии допуски.

Однако, они касаются только блоков запасов калийной соли. Об окончательном определении этих величин необходимо договориться. Будущее скоростное определение ошибок при оценке запасов по блокам должно служить основой для определения классов запасов и производственной оценки предназначенного для разработки блока и предполагает наличие хорошо действующей системы накопления данных по месторождениям и комплексную интерпретацию с помощью электронной обработки данных. Подготовительные работы начаты в широком плане. Настоящая статья также посвящена этим работам.

Summary

The most favourable use of major equipment to be desired in potash mines from an economic point of view compels to an extensive concentration of mines, with exploratory roads to be additionally driven for opening and advance workings confined within minimum limits as they are worth being advocated geologically. This requires a quantitative estimate of the risk connected with the mining of differently explored reserve blocks. A possibility to it resulted from systematic investigations of errors inherent in reserve calculations which refer to the respective block. In this regard the horizontal sedimentation has proved to be the most influential factor. In 27 test blocks already salted out the planimetered useful surface portion was compared with that calculated from exposed roads. The mean error derived from that showed a clear dependence on the degree of bypassing a block and on the type of deposit. After compensating insignificantly the grading of errors and considering some given principles, the scale of errors was based on a delimitation of the classes of reserves. The ranges of errors $\pm 15\%$, $\pm 25\%$ and $\pm 45\%$ suggested by the author (1968) for the classes of reserves A, B and C_1 are somewhat more comprehensive as against tolerances established for similar purposes in Czechoslovakia, Poland and Hungary, refer, however, to blocks of potash-salt reserves only. It is a matter of agreement of how to fix limiting values definitely. The future routine determination of errors of reserve data referred to blocks, taken as a basis for the respective arrangement into classes and operating evaluation of the block provided for as a mining unit, supposes a well operating system of recording for deposit data and their complex evaluation by means of electronic data processing. Preparatory works are under way on a broad basis, for which the present paper also offers a contribution.

Literatur

BENKÖ, F.: Die Bestimmung der Abstände in einem Netz bei der Durchführung von Erkundungen auf mineralischen Rohstoff. – Földt. Közlön., **94**, 213–236, 1964; Ref. in WTI, **6**, Nr. 14, S. 5, Berlin 1965.

BINTING, K.-H.: Fehlertheorie und Rundungsintervall von Vorratsberechnungen, Teil 1: Fehlerzusammensetzung und Fehlereinfluß. – Z. angew. Geol., **7**, 81–85, Berlin 1961.

KRAJEWSKI, R.: Bestimmung der Veränderlichkeit der Lagerstätte und des Grades der Erkundung der Vorräte mit Hilfe der Methode der statistischen Rechnung. – Prace IG, **30**, T. III, Warschau 1962.

SOUKUP, B.: Auswertung der Erkundungsdichte mittels elektronischer Rechenautomaten. – Z. angew. Geol., **13**, 180–189, Berlin 1967.

STAMMBERGER, F.: Über Ungenauigkeiten und „erlaubte Fehlergrenzen" bei Vorratsberechnungen. – Z. angew. Geol., **2**, 180–189, Berlin 1956.

– Zu einigen Grundfragen der Klassifikation von Mineralvorräten. – Freib. Forsch.-H., C 54, 1–14, Berlin 1958.

– Zu den Toleranzen bei Vorratsangaben und deren Aussagesicherheit. – Z. angew. Geol., **5**, 596–601, Berlin 1959.

– Kann der Untersuchungsgrad einer Lagerstätte exakt gemessen werden? – Z. angew. Geol., **8**, 575–581, Berlin 1962.

STOLLE, E.: Lagerstättenveränderlichkeit. – FA-Abschlußbericht, Kaliforschungsinstitut, Sondershausen 1968.

– Klassifizierung der Veränderlichkeit der wichtigsten Kalilagerstättenmerkmale. – Z. angew. Geol., **15**, Berlin 1969 (im Druck).

ZVK: Klassifikation der Lagerstättenvorräte fester mineralischer Rohstoffe der DDR. 2. Vorratsklassifikation fester mineralischer Rohstoffe v. 31. 1. 1962. – Z. angew. Geol., **8**, 494–496, Berlin 1962.

ZVK: Instruktion zur Anwendung der „Klassifikation der Lagerstättenvorräte fester mineralischer Rohstoffe" auf Kali- und Steinsalzlagerstätten der DDR. 3. Kali-Instruktion v. 20. 6. 1963. – Z. angew. Geol., **9**, 527–531, Berlin 1963.

Lagerstätten der Werk- und Dekorationssteine in der DDR

OTFRIED WAGENBRETH, Weimar

I. Die Bedeutung des Werksteins für die Architektur früher und künftig

Wie man heute oft hören kann, leben wir im Betonzeitalter oder gar erst an dessen Anfang. Ein dabei oft unausgesprochen mitschwingender Unterton lautet: Damit sind die althergebrachten, konventionellen Baustoffe wie Ziegel, Holz und Naturwerkstein zum Rückgang und schließlich zum Untergang verurteilt.

Betrachtet man historisch die Anteile der Baustoffe am Baugeschehen in der Geschichte des Bauwesens (Abb. 1a), dann scheint diese eine solche negative Einschätzung der Zukunft des Naturwerksteins zu bestätigen. In früheren Jahrhunderten hatte der Naturstein, wo er vorhanden war, den größten Anteil an der Baustoffmasse der Bauwerke (WAGENBRETH 1968). Aber nicht nur aufgehendes Bruchsteinmauerwerk, sondern auch besonders exponierte Bauteile wie Portale, Fenstergewände, Gewölberippen und -schlußsteine, Brüstungen, Simse, Pilaster usw. boten dem durch Steinmetze bearbeiteten Naturwerkstein ein weites Feld der Einsatzmöglichkeiten, dessen Größe die uns überlieferten Baudenkmale nur noch näherungsweise erkennen lassen. Die Bürgerhäuser, sogar Stall- und Wirtschaftsgebäude früherer Jahrhunderte, keinesfalls als Baudenkmale zu betrachten und in großer Zahl auch schon verschwunden, enthielten Naturwerksteinteile. Im 19. Jahrhundert schließlich führte der Aufschwung des Transportwesens und des Bauwesens zu einem stark überregionalen Einsatz von Natursteinen, weit entfernt von ihrem Gewinnungsort, und zum Einsatz werksteinmäßig bearbeiteten Natursteins im Mauerwerk ganzer Fassaden (Abb. 2a). Heute ist das bekanntlich Vergangenheit. Im aufgehenden Mauerwerk, in den Deckenkonstruktionen und meist auch bei den Portalen, Fenstergewänden, Simsen usw. haben sogenannte moderne Baustoffe den Naturwerkstein weitgehend verdrängt. Wenn Naturstein in der Architektur trotzdem auch heute noch angewandt wird, dann müssen dafür Gründe maßgebend sein, die in dessen spezifischen Eigenschaften liegen. Solche scheinen zu sein:

1. Dekorative Wirkung

Wo heute Naturstein als Werkstein eingesetzt wird, geschieht dies kaum je aus konstruktiven, sondern fast stets aus dekorativen Gründen. Man baut Wände, Pfeiler, Portale usw. nicht mehr mit Naturstein, man verkleidet sie nur noch mit diesem (Abb. 2b). Man will mit den Farbwirkungen — dem Rot des Meißner Granits, dem Dunkelgrün der Lausitzer Lamprophyre, dem Rosa der Harzer Granite und des Rochlitzer Tuffs, dem Gelblich-weiß des Langensalzaer Travertins und mit den farblich gesprenkelten Gesteinen wie dem Granitporphyr von Beucha, dem Saalburger Marmor und sogar dem grauen Lausitzer Granodiorit — einem Bauwerk bestimmte architektonische Akzente verleihen. Zum gleichen Zweck werden architektonisch interessante

Eingang des Manuskripts in der Redaktion: 15. 5. 1969.

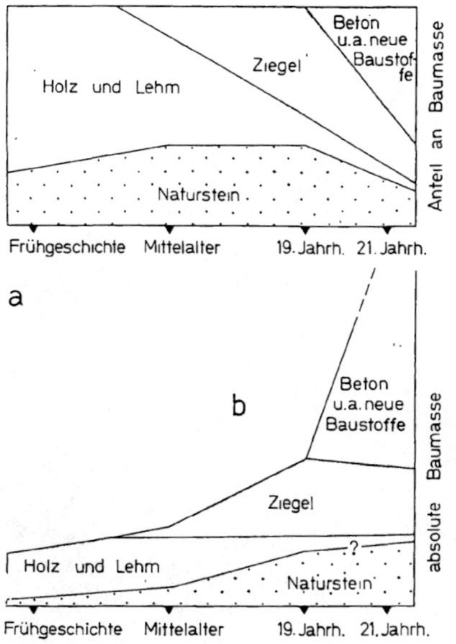

Abb. 1. Schematische Diagramme zur Bedeutung des Naturwerksteins für die Baugeschichte in Deutschland

a) relativ (Anteil an der Baumasse in den einzelnen Perioden); b) absolut (Aufteilung der jeweils insgesamt erzeugten Baumasse)

Strukturwirkungen genutzt. Die getreidekornartigen Mineralbildungen im Theumaer Fruchtschiefer, die Kalkknoten und Kalkspatgänge in den grauen Varietäten des Saalburger Marmors (Abb. 3), die schichtig-unregelmäßigen Hohlräume im Travertin von Langensalza und die Einsprenglinge und Einschlüsse im Granitporphyr von Beucha tragen wesentlich zur dekorativen Wirkung dieser Gesteine bei. Die Farb- und Strukturwirkungen von Natursteinen nutzt man bei den repräsentativen Bauten unserer Zeit oft selbst bei einem zusätzlichen Kostenaufwand.

2. Wetterbeständigkeit, Festigkeit und sonstige Gesteinseigenschaften

Die Baudenkmale aus früheren Jahrhunderten zeigen uns wie in einem extremen Langzeitversuch die gute Wetterbeständigkeit unserer üblichen Natursteine. Ungeeignetes Material, das früher zu Werksteinen verarbeitet wurde, wie z. B. die Sandsteine des Unteren und Mittleren Keupers, ist dabei durch den verwitterten Zustand der alten Bauten als negativ gekennzeichnet und inzwischen aus der Rohstoffliste der Natursteinindustrie ausgeschieden (vgl. dazu Erwähnung der letzten Abbaue bei HOPPE 1939). Es versteht sich von selbst, daß sich die Natursteinindustrie auf Lagerstätten von einwandfreiem, wetterbeständigem Material mit hinreichenden gesteinsphysikalischen Gesteinseigenschaften konzentriert (HOPPE 1963). Unter solchem Gesichtspunkt ist eine gute Natursteinverkleidung anderem Fassadenmaterial oft überlegen, weil es dauerhafter, weniger reparaturanfällig und weniger verschmutzungsgefährdet ist. Diese Umstände gewinnen im Hinblick auf die Bauwerksunterhaltung gerade bei den heutigen Ausmaßen, insbesondere den Höhen moderner Bauwerke, entscheidende Bedeutung.

Mit der Verschmutzung darf allerdings die Alterspatina, die sich bei manchen Gesteinen entwickelt, nicht verwechselt werden. Eine Reihe von Verwitterungserscheinungen ist — sofern diese nicht anormal stark und ungleichmäßig auftreten — dem menschlichen Auge derart selbstverständlich

Abb. 2a. Dresden, Justizgebäude (um 1885—1895), Fassade aus Bossenquadern (Postaer und Cottaer Elbsandstein); 1 m³ Rohstein = etwa 4 m² Mauerfläche

(Foto: Dewag, Dresden/TEICHMANN)

Abb. 2b. Leipzig, Wohn- und Geschäftshaus Reichsstraße—Katharinenstraße (1961/1962), Wandplatten aus gelbem und weißem Cottaer Sandstein; 1 m³ Rohstein = etwa 20 m² Wandfläche
(Foto: CHR. RINGLER, Dresden)

geworden, daß man den Naturstein auch im gealterten Zustand als schön empfindet. Dies gilt besonders für die Verwendung des Natursteins in der Garten- und Friedhofsarchitektur. Akzeptiert man für solche oder andere Einsatzbereiche des Natursteins auch mindere (für die Standzeit des Steins hinreichende) Wetterbeständigkeit einschließlich der Bildung einer Alterspatina, dann erweitert sich in entsprechendem Umfang die Rohstoffbasis unserer Natursteinindustrie. In dieser Weise ließen sich z. B. in einer Reihe jetzt nicht mehr genutzter Sandsteinvorkommen Werksteinlagerstätten finden. Welche Bedeutung gerade dieser Gesichtspunkt erlangen könnte, zeigt die Tatsache, daß (1968) die Grabmalherstellung einen Umfang von 15 Mill. M, d. h. einen Anteil von über 30% an der gesamten Naturwerksteinproduktion, angenommen hatte.

3. Empfehlungen zur Rohsteinsituation unserer Natursteinindustrie

Aus den beiden erörterten spezifischen Natursteinproblemen der dekorativen Wirksamkeit und der guten gesteinstechnischen Eigenschaften und aus den allgemeingültigen Zusammenhängen zwischen Gewinnung, Verarbeitung, Einsatzmöglichkeiten und Ökonomie ergeben sich für die Rohstofffrage der Natursteinindustrie folgende Empfehlungen:

1. Die Natursteinindustrie sollte über eine nach Farb- und Strukturwirkungen möglichst breite Rohstoffbasis verfügen und in Reserve halten, also nicht etwa sich nur auf die derzeit am meisten gefragten Natursteine beschränken.

2. Die Natursteinindustrie sollte zusammen mit den Architekten alle heute gegebenen Einsatzmöglichkeiten von Natursteinen nutzen und die Technik des Natursteineinsatzes den augenblicklichen und künftigen Bauweisen entsprechend den Wünschen der verschiedenen Bedarfsträger anpassen, dabei jedoch auch unterschiedlich dauerhaftes Material differenziert einsetzen. Naturstein nur an repräsentativen Gesellschaftsbauten und auf dem Friedhof zu verwenden ist keine für unsere gesamte Architektur ausreichende Nutzung der gegebenen Gestaltungsmöglichkeiten.

3. Die Natursteinindustrie wird sich auch auf den Abbau bisher ungenutzter Vorkommen vorbereiten müssen. Wenn auch der Anteil der Natursteine an der gesamten Baumasse gesunken ist, hat der absolute Bedarf eine vermutlich steigende Tendenz (Abb. 1b). Künftige Baumassen und Baugeschwindigkeiten erfordern trotz relativ sinkenden Natursteinanteils eine absolut gesteigerte Produktion von Werk- und Dekorationssteinen, d. h. eine leistungsstarke Natursteinindustrie.

4. Die Nutzung neuer Gesteinsvorkommen bedeutet — wie in der Bergbaugeschichte allgemein — die Nutzung ökonomisch ungünstigerer Lagerstätten. Auch in der Natursteinindustrie haben (wie im Bergbau) unsere Vorfahren den Abbau meist an den günstigsten Stellen begonnen, Abbaufortschritt bedeutet hier wie dort Übergreifen auf ungünstigere Lagerstättenbereiche. Die schlechtere Qualität neu zu nutzender Lagerstätten kann sich sowohl in schlechterer Rohblockqualität, z. B. geringerer Rohblockgröße, als auch in ungünstigerer Lagerstättenform und -größe äußern. Der Anfall kleinerer Rohblöcke ist durch eine beweglichere Technologie zur Verarbeitung auch kleinerer Rohblöcke und durch eine gewinnbringende Verwertung des Abfalls als Riemchen oder Mosaikplatten zu kompensieren. Ähnliches gilt auch für die Nutzung kleinerer oder komplizierterer Lagerstätten. Wünsche der Technologen, wie z. B. die bevorzugte Anwendung von Hangaufschlüssen, kann man natürlich nur berücksichtigen, wo die Lagerstätten dazu noch die Wahl lassen.

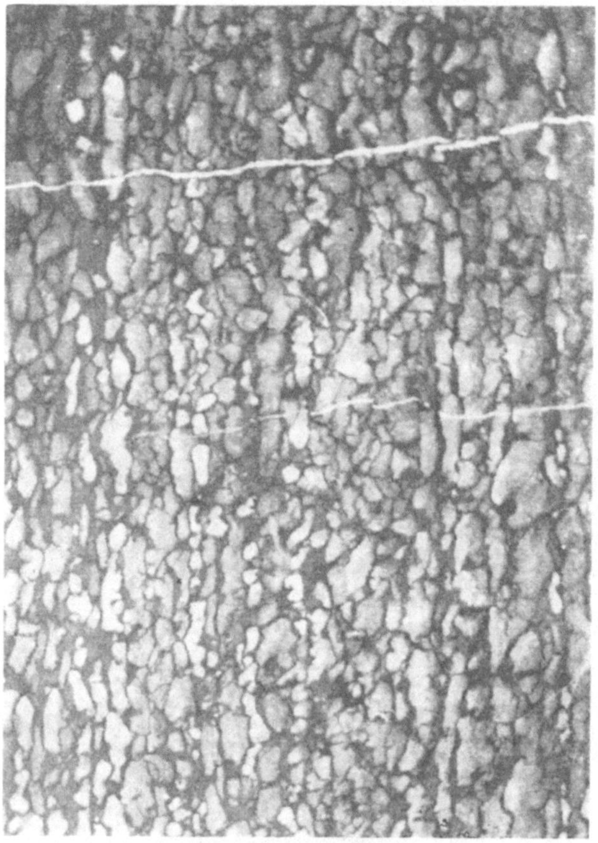

Abb. 3. Saalburger Marmor (Knotenkalk aus dem ostthüringischen Devon)

a) Sorte Fischersdorf: strukturiert durch schichtungsparallele Reihen von Kalkknoten (Foto: FREYBURG, Weimar)

5. Die Natursteinindustrie sollte der Importplanung rechtzeitig ihre Aufmerksamkeit schenken. Bei dieser Art von Bodenschätzen steht die Alternative: entweder konsequenter Abbau unserer Rohstoffe und anschließender Import oder aber zeitiger Import parallel mit dem Abbau. Die erste Variante wäre eine optimale Lösung für den Augenblick, bei der es um die schnellste Realisierung eines Maximalprofits geht. Die zweite Variante bietet für diesen Zweig der Volkswirtschaft ein größeres Maß an Kontinuität. Speziell für die Natursteinindustrie ergibt sich die Notwendigkeit für diese Variante schon aus der Forderung, den Architekten eine große Palette verschiedener Farb- und Strukturwirkungen von Natursteinen anzubieten. Aus dem gleichen Grund sollte eine Stillegung inländischer Gewinnungsbetriebe auch in dem Fall vermieden werden, daß andere Brüche oder gar das Ausland Rohblöcke (vorübergehend!?) billiger liefern. Der Grundsatz gutes und mäßiges Erz zu einer mittleren, aber lange lieferbaren Erzqualität zu verschneiden, ist im Bergbau seit je erfolgreich beachtet worden. Es wäre zu überlegen, wie und in welchem Maße der gleiche Grundsatz in der Natursteinindustrie dem Industriezweig auch überbetrieblich nützen kann.

Die Spezifik der Natursteine und die hier formulierten Forderungen und Empfehlungen sind bei der Beurteilung der Naturwerksteinlagerstätten der DDR zu beachten.

II. Übersicht über die zur Zeit genutzten Werksteinlagerstätten der DDR

Eine Übersicht über die architektonisch-gesteinsphysikalischen Eigenschaften unserer heute wichtigsten Werksteine bietet Tab. 1 (vgl. Lit.: VVB Zuschlagstoffe und Natursteine 1968). Im folgenden sollen die Lagerstätten in ihren Beziehungen zwischen Gesteinsart, Größe, Lagerungsform und den daraus resultierenden technologischen Besonderheiten behandelt werden, und zwar geordnet nach geologisch-technologischen Gruppen verwandter Gesteine. Als Maß für die Beurteilung der Lagerstättenverhältnisse kann dabei die „Instruktion zur Anwendung der Klassifikation der Lagerstättenvorräte fester mineralischer Rohstoffe auf Natursteinlagerstätten“, herausgegeben von der Zentralen Vorratskommission am 17. 12. 1963, dienen. Die Natursteininstruktion unterscheidet drei Lagerstättentypen (Abb. 4):

Lagerstättentyp I: Großflächige Lagerstätten einfacher Form und ungestörter Lagerung, in Mächtigkeit und stofflicher Zusammensetzung aushaltend, mit im wesentlichen gleichbleibenden Abraumverhältnissen.

Lagerstättentyp II: Kleinflächige Lagerstätten einfacher Form und Lagerung, in Mächtigkeit und stofflicher Zusammensetzung aushaltend, mit im wesentlichen gleichbleibenden Abraumverhältnissen. Ferner Lagerstätten des Typs I mit bedeutenden Schwankungen in Mächtigkeit und/oder stofflicher Zusammensetzung sowie nicht gleichbleibenden Abraumverhältnissen.

Lagerstättentyp III: Groß- und kleinflächige Lagerstätten komplizierter Form, in Mächtigkeit, Lagerung und/oder stofflicher Zusammensetzung auf kurze Entfernungen nicht aushaltend, mit stark wechselnden Abraumverhältnissen.

Die Einordnung in diese Lagerstättentypen bietet nicht nur einen Anhalt für die jeweils anzuwendende

Abb. 3.

b) Sorte Kapfenberg: strukturiert durch mehr oder weniger regellos eingeschaltete Kalkspatgänge und -trümer (Foto: FREYBURG, Weimar)

Abb. 4. Prinzipskizzen von Beispielen zur Definition der Lagerstättentypen von Naturwerksteinlagerstätten

(Gestrichelte Linie: Dimension eines Steinbruchs) Typ I: großflächig mit einfacher Lagerung, gleichbleibende Beschaffenheit, Abraumverhältnisse im wesentlichen gleichbleibend

Typ IIa: kleinflächig mit einfacher Lagerung, gleichbleibende Beschaffenheit, Abraumverhältnisse im wesentlichen gleichbleibend; b: Lagerstätte des Typs I mit sehr unterschiedlicher Abraummächtigkeit

Typ IIIa: großflächig mit komplizierter Lagerung, in Klüftung und Abraummächtigkeit stark schwankend; b: kleinflächig mit einfacher Lagerung und gleichbleibender Abraummächtigkeit, aber mit stark schwankender Nutzmächtigkeit (Auskeilen am Rand!) und ungleichmäßiger Beschaffenheit (Mauerwerk = fest, Punkte = mürbe)

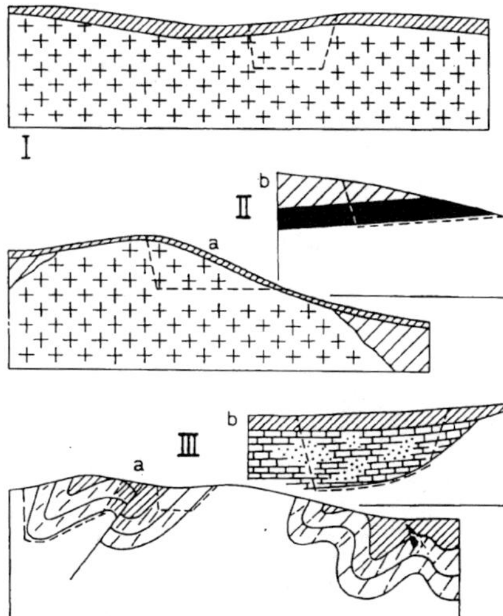

Erkundungsmethodik, sondern sie ermöglicht auch die Klassifizierung eines Natursteinvorkommens in erster Näherung hinsichtlich der zu erwartenden technisch-ökonomischen Verhältnisse des Abbaubetriebs.

Die in der DDR vorhandenen Lagerstätten verteilen sich ganz verschieden auf die genannten Typen (vgl. dazu auch WAGENBRETH 1966). Alle zur Zeit in Abbau stehenden Werksteinlagerstätten befinden sich im Südteil der Republik.

Die Granitlagerstätten der DDR und die Lagerstätten einiger verwandter Gesteine (Abb. 5) gehören mit ihren größten und günstigsten Betrieben, z. B. Demitz-Thumitz, Kamenz, Königsbrück, im wesentlichen zum Lagerstättentyp I. Hier liegen mehrere Steinbrüche in dem Lausitzer Hauptgranit (Granodiorit), der mit 70 km Durchmesser und rund 3000 km² Grundfläche (zusammen mit den anderen Lausitzer Graniten) das größte Granitgebiet der DDR darstellt. Die Möglichkeiten des Abbaus werden nur durch Zonen mächtigen Abraums, stärkerer Klüftung und lokal tiefgreifender Verwitterung beschränkt (Abb. 5a). Optimal ist das Gestein jedoch nur in Tiefen von etwa 10 bis 100 m abzubauen, da darüber das Material zu dünn gebankt, also kleinstückig, darunter aber zu schwach

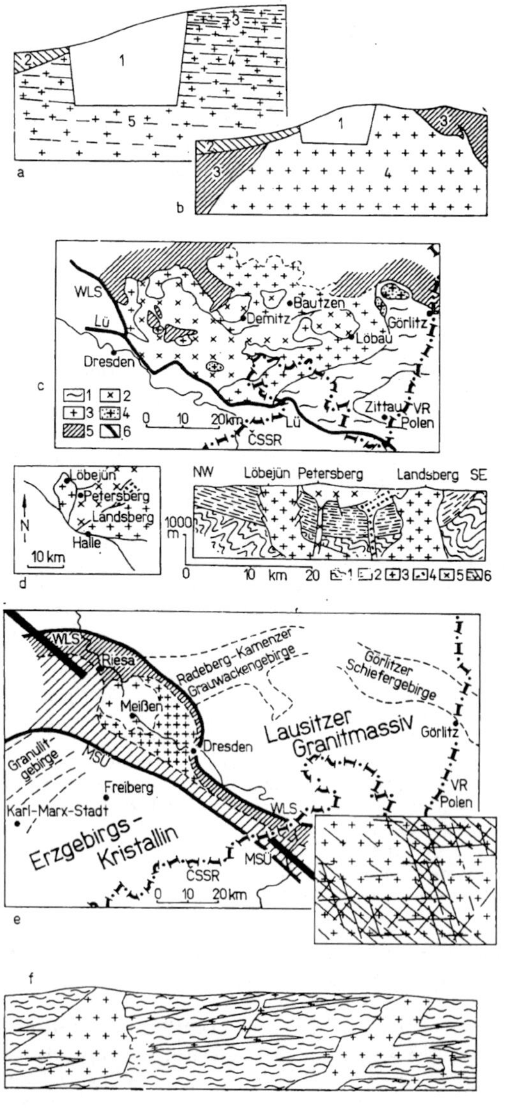

Abb. 5. Karten und Schemazeichnungen zu den Werksteinlagerstätten in Granit und verwandten Gesteinen

a) Lausitzer Hauptgranit (Granodiorit von Demitz-Thumitz)

1 – Steinbruch, 2 – Abraum, 3 – dünn gebankte Verwitterungszone, 4 – optimale Bankung und Klüftung, 5 – zu geringe Bankung und Klüftung

b) Granite von Aue – Schneeberg (Erzgebirge)

1 – Steinbruch, 2 – Abraum, 3 – Nebengestein (Schiefer des Kontakthofs), 4 – Granit

c) Karte des Lausitzer Granitmassivs

1 – Ostlausitzer (Seidenberger) Granodiorit, 2 – Zweiglimmergranodiorit, 3 – Westlausitzer (Demitzer) Granodiorit, 4 – Stockgranite von Königshain (nordwestlich Görlitz) und Stolpen (südwestlich Demitz), 5 – Schiefer und Grauwacken, 6 – jüngere Störungen (WLS – Westlausitzer Störung, LÜ – Lausitzer Überschiebung) (nach PIETZSCH 1962, etwas vereinfacht)

d) Kartenskizze und Profil vom Halleschen Porphyrkomplex mit dem Löbejüner Quarzporphyr

1 – kristallines und altpaläozoisches Grundgebirge, 2 – Sedimente des Oberkarbons und Perms, 3 – ältere Hallesche Quarzporphyre (Löbejün und Landsberg), 4 – Granitporphyr von Schwerz, 5 – jüngerer Hallescher Quarzporphyr (Petersberg), 6 – Störungen (nach SCHWAB 1964, 1968, etwas vereinfacht)

e) Kartenskizze der Elbtalzone mit dem Meißner Biotitgranit (Kreuze weit) Kreuze eng: Syenit und Hornblendegranit; enge Schraffur: Westlausitzer Grauwackenzug; weite Schraffur: Mittelsächsisches Schiefergebirge und Elbtalschiefergebirge; WLS – Westlausitzer Störung; MSÜ – Mittelsächsische Überschiebung. Die dicken Balken im NW und SE geben das Generalstreichen der Elbtalzone im Raum Dresden – Meißen an (nach PIETZSCH 1956, vereinfacht). Die Skizze rechts unten soll in einem schematischen Klüftungsgrundriß verdeutlichen, wie im Meißner Riesensteingranit eine auf die Elbtalzone orientierte, aber ungleich intensive Klüftung in dem Gesamtvorkommen jeweils nur einzelne Bereiche mit großblockigem Material zwischen stark zerklüftetem Gestein bedingt.

f) schematisches Profil der spät- und posttektonischen Stock- und Lagergranite (Kreuze) im Kristallin (Wellensignatur) des Granulitgebirges. Die Granite sind dem Granulitgefüge teils diskordant (Stöcke), teils konkordant (Lager) eingeschaltet.

gebankt, also schwerer gewinnbar ist. Das Gestein selbst erstreckt sich praktisch unbegrenzt rings um und unter den betriebenen Brüchen. Andere Granitsteinbrüche sind im Gestein ebenfalls relativ gleichmäßig und weisen auch eine verhältnismäßig konstante Kluftsystematik auf. Sie liegen jedoch in kleineren Vorkommen vor, die als die Spitzen tiefer liegender, großflächiger Gesteinskörper angesehen werden müssen, z. B. die Granite des Brockens (Knaupsholz-Birkenkopf: STEINER 1968) und des Erzgebirges (Aue, Schneeberg) (Abb. 5b). Andere besitzen als Stockgranite überhaupt nur einen kleinflächigen Querschnitt, wie z. B. der Granit von Arnsdorf–Königshain (Abb. 5c). Auch der Granitporphyr von Beucha bei Leipzig ist eine solche stockförmige Lagerstätte. Der Quarzporphyr von Löbejün bei Halle (Abb. 5d) wurde früher zusammen mit dem Quarzporphyr von Landsberg als eingemuldeter vulkanischer Deckenerguß gedeutet. Neuere Unter-

Tab. 1. Gesteinstechnische Kennwerte der Werksteine der DDR
(aus verschiedenwertigen Quellen, deswegen nur als Richtwerte zu betrachten)

	Rohdichte g/cm³	Druckfestigkeit (Würfeldruckf.) kp/cm²	Biegezugfestigkeit kp/cm²	Wasseraufnahme Gew.-%	Plattenstärke mindestens cm	Plattengröße maximal cm × cm	Bemerkungen
Granit	2,67						
Demitz-Thumitz	(2,73–2,66)	1400–1800	280–350	0,24–0,36	3	100 × 170	frostbeständig
Königshain–Arnsdorf					3	100 × 170	
Knaupsholz	2,60	1460–2220	140–150	0,22	3	60 × 120	
Birkenkopf	2,60–2,67	1700–2400	160–243	0,2 –0,3	3	60 × 120	
Meißen	2,61	1400–1500	310	0,23–0,27	3	60 × 120	frostbeständig
„Syenit"							
Limbach	2,63	1750	460	0,19–0,22			frostbeständig
Quarzporphyr							
Löbejün	2,55	1800–1970		1	3	60 × 120	frostbeständig
Pyroxengranitporphyr							
Beucha	2,57–2,64	1130–2270	130	0,2–0,7	3	60 × 120	frostbeständig
Lamprophyre	2,89–2,97	2000–2500	450–720	0,1–0,3	3	60 × 120	frostbeständig
Lausitz							
Pikrit Seibis	2,77–2,88	1100–1800	280–360	0,3–0,4	3	60 × 120	frostbeständig
Serpentin							
Zöblitz	2,65	1370	?	0,66	1,8	140 × 160	nur für Innenarchitektur
Fruchtschiefer							
Theuma	2,72	850–1600	345–800	0,8	2,5	120 × 200	frostbeständig
Bordenschiefer	2,78	1100[1]	690–850	0,5	3	30×100	frostbeständig
Lehesten		1500–2900[2]					
Porphyrtuff							
Rochlitz	1,75–2,00	120–480	85–100	8,1–12,0	4,0	60 × 130	frostbeständig
Sandsteine							
Tambach	?	etwa 100	?	?	–	–	frostbeständig
Schmalkalden	2,08	450–550	40	6–7	–	–	frostbeständig
Seeberg–Gotha	1,98–2,23	800–1200	?	5,1–8,8	–	–	frostbeständig
Posta	2,14	420	130	5,13–5,41	4,5	100 × 170	frostbeständig
Reinhardtsdorf	2,04	300	70	7,10–7,40	4,5	100 × 170	frostbeständig
Cotta	1,94	180	65	9,49–9,77	4,5	100 × 170	frostbeständig
Travertin							
Langensalza	2,40–2,50	200–900	40–300	2,0– 2,6	2,5	100 × 170	frostbeständig
Ehringsdorf	2,10–2,28	550–750	90–100	10,0–13,6		?	frostbeständig
Muschelkalk							
Oberdorla	2,20	240	170	2,0	4,0	80 × 120	frostbeständig
Freyburg	2,07	250	?	3,0–5,7	3,0	60 × 120	frostbeständig
„Saalburger Marmor"							
Fischersdorfer	2,70	600–700	300–370	0,64–0,71	2,5	100 × 170	nur für Innenarchitektur
Kapfenberg	2,71	1200–1300	200	0,09	2,5	100 × 170	nur für Innenarchitektur
Edelgrau (Vogelsberg) }	2,72	400–550	200–260	0,18	2,5	100 × 170	nur für Innenarchitektur
Saalburger Rot }					2,5	80 × 150	nur für Innenarchitektur

[1]) parallel zur Schieferung
[2]) senkrecht zur Schieferung

suchungen (SCHWAB 1964, 1968) zeigen jedoch, daß beide Quarzporphyre mehr den Charakter langgestreckter (in der Tiefe verbundener?) Stöcke haben. Damit erklärt sich auch die Ähnlichkeit der Gesteine von Löbejün und Beucha hinsichtlich Gefüge, Klüftung und Verhalten beim Abbau. Der Granit von Meißen (Abb. 5c) gehört ebenfalls einem kleineren Gesteinskörper an, weist aber noch zusätzliche Komplikationen auf. Der Syenit-Granit-Pluton von Meißen liegt in der Elbtalzone (PIETZSCH 1956, MÖBUS 1966), jener großen Störungszone, entlang der fast durch die ganze erforschbare Erdgeschichte hindurch immer wieder Schollenverschiebungen stattgefunden haben. Solche Bewegungen ermöglichten einerseits die Bildung des Gesteinskörpers und seine Ausbildung in einem augenähnlichen Grundriß, andererseits zerlegten jüngere Bewegungen den Gesteinskörper selbst in Bereiche von stärker und weniger stark zerklüftetem Material. In dem gesamten Meißner Syenit-Granit-Gebiet sind deshalb nur relativ kleine Komplexe zu erwarten, die — einst im „Schatten" der Bewegungsbahnen gelegen — heute die Gewinnung hinreichend großer Rohblöcke zulassen (BEEGER 1968). Diese Situation rechtfertigt eine Einstufung des Meißner Riesensteingranits in den Lagerstättentyp III.

Ebenfalls zu den Graniten gehört der sogenannte Syenit von Limbach-Oberfrohna. Sein Gefüge und die Form des Gesteinskörpers sind nur von der Entwicklungsgeschichte des sächsischen Granulitgebirges aus

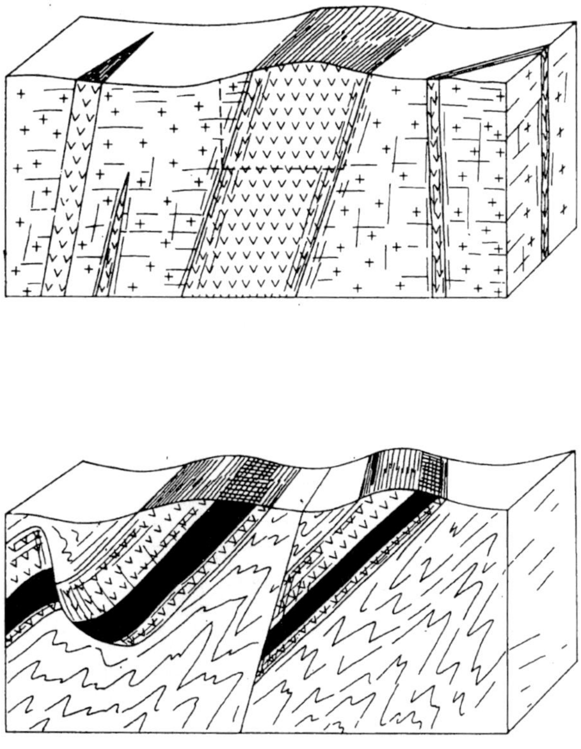

Abb. 6. Schematische Profile der Werksteinlagerstätten in dunklen Magmatiten

a) Lamprophyrgänge verschiedener Mächtigkeit, Längserstreckung und Klüftung im Lausitzer Granit (Klüftung besonders an den Salbändern). Gestrichelte Linie: Dimension eines Steinbruchs

b) Pikritlager (schwarz), gefaltet, verworfen und verschieden geklüftet im Altpaläozoikum mit Diabas (V-Signatur) des ostthüringischen Schiefergebirges bei Seibis–Lobenstein

zu verstehen. Während der Granulit selbst ein hochmetamorphes, altes Gestein mit kompliziertem, wechselhaftem Schicksal ist, erstarrten die dem „Granulitgebirge" eingeschalteten Granite zu verschiedenen Zeiten und unterschiedlichen Spannungsverhältnissen. Die Granite vom Mittweidaer Typ sind posttektonisch und weisen damit praktisch keine Gefügeregelung auf. Dagegen ist der Granit von Limbach von der tektonischen Formung des Granulitgebirges noch etwas erfaßt worden und zeigt deshalb auch eine gewisse Gefügeregelung. Alle diese spät- und posttektonischen Granite des Granulitgebirges entstanden aus granitischen Schmelzflüssen, die in Spalten des Granulits eingedrungen waren. Dementsprechend handelt es sich bei den Graniten vom Typ Mittweida—Limbach durchweg um relativ kleine, stock-, gang- oder lagerförmige Vorkommen (Abb. 5f).

Die von unserer Werksteinindustrie genutzten dunklen Magmagesteine sind meist noch kleinere, plattenförmig mit 5 bis etwa 100 m Mächtigkeit dem Nebengestein eingeschaltete Lagerstätten (Abb. 6). Deren wichtigste, die Lamprophyre der Lausitz (POPP 1966) (Abb. 6a) — in Handel und Steinindustrie auch Syenit oder Diabas genannt —, sind hinsichtlich ihrer Entstehung noch nicht genau geklärt. Nach älteren Deutungen entstanden sie vermutlich aus basischen Teilschmelzen von Magmen, die den Lausitzer Hauptgranit gebildet haben. Sie sind in dem bei dessen Erstarrung und Schrumpfung entstandenen Spaltensystem entstanden. So erklärt sich zwar recht einfach die enge Bindung der Lamprophyre an das Lausitzer Granitgebiet, doch widerspricht der chemische Charakter dieser Gesteine der Annahme von unmittelbaren Beziehungen zu den Lausitzer Graniten. Heute führt man die Lamprophyre entweder auf einen selbständigen, vielleicht varistischen Pluton unter den Lausitzer Graniten zurück, oder man deutet sie überhaupt nur als gangförmige und grobkörnige Äquivalente des in der Lausitz und in Böhmen weit verbreiteten tertiären Basaltvulkanismus (vgl. PIETZSCH 1962, S. 783).

Der Pikrit von Seibis bei Lobenstein (SEIFERT 1966) gehört als ultrabasisches Gestein petrographisch in die Verwandtschaft des Diabases. Auch hinsichtlich der Lagerungsform entspricht er weitgehend den ostthüringer Diabasen (Abb. 6b). Als Gesteine des devonischen Vulkanismus sind die primär lager- und gangförmigen Diabase und Pikrite während des Karbons in der varistischen Gebirgsbildung gefaltet, verworfen, geklüftet und zum Teil sogar geschiefert worden. Infolgedessen sind Pikritlagerstätten mit hinreichender Rohblockgröße wiederum nur im tektonischen „Schatten" derartiger Bewegungsbahnen und Verformungsprozesse zu erwarten. Die Lamprophyr- und Pikritvorkommen sind nach Größe, Lagerungsform und Gesteinsbeschaffenheit durchweg als Beispiele des Lagerstättentyps III zu betrachten.

Komplizierte Lagerstätten stellen auch die wenigen, von der Werksteinindustrie genutzten Metamorphite dar (Abb. 7). Ein Gestein, das sehr verschieden intensiv geschiefert ist und demzufolge nur in großen, etwa 20 m mächtigen bis maximal einige hundert Meter langen langgezogenen Linsen grobgeklüfteten, dickbankigen bis dünnbankigen Gesteins abgebaut werden kann, ist der „Serpentin" von Zöblitz. Petrographisch

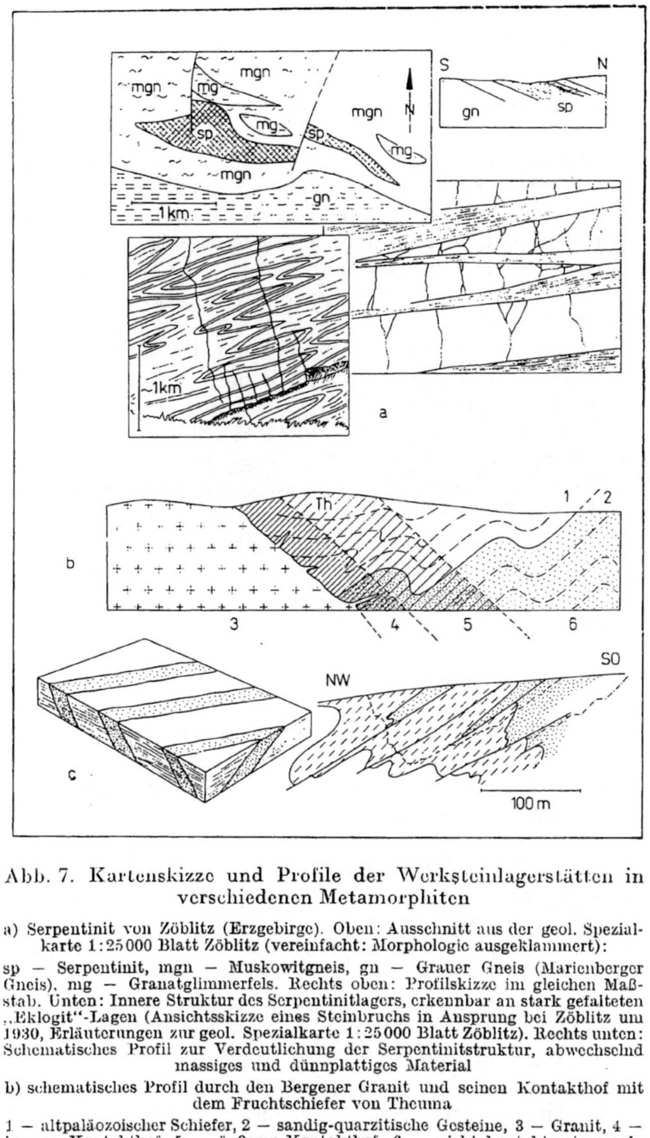

Abb. 7. Kartenskizze und Profile der Werksteinlagerstätten in verschiedenen Metamorphiten

a) Serpentinit von Zöblitz (Erzgebirge). Oben: Ausschnitt aus der geol. Spezialkarte 1:25000 Blatt Zöblitz (vereinfacht: Morphologie ausgeklammert):

sp — Serpentinit, mgn — Muskowitgneis, gn — Grauer Gneis (Marienberger Gneis), mg — Granatglimmerfels. Rechts oben: Profilskizze im gleichen Maßstab. Unten: Innere Struktur des Serpentinitlagers, erkennbar an stark gefalteten „Eklogit“-Lagen (Ansichtsskizze eines Steinbruchs in Ansprung bei Zöblitz um 1930, Erläuterungen zur geol. Spezialkarte 1:25000 Blatt Zöblitz). Rechts unten: Schematisches Profil zur Verdeutlichung der Serpentinitstruktur, abwechselnd massiges und dünnplattiges Material

b) schematisches Profil durch den Bergener Granit und seinen Kontakthof mit dem Fruchtschiefer von Theuma

1 — altpaläozoischer Schiefer, 2 — sandig-quarzitische Gesteine, 3 — Granit, 4 — innerer Kontakthof, 5 — äußerer Kontakthof, 6 — nicht kontaktmetamorph, Theuma (Th) liegt in der Kombination von 1 und 5.

c) Dachschiefer (im Profil gestrichelt) und Bordenschiefer (Prinzipskizze eines Blockes links und Punkte im Profil) von Lehesten

Im Profil: gestrichelte Linie — Dachschiefertagebau, strichpunktierte Linie — geplanter Tagebau-Endstand (Profil nach Schubert 1968, vereinfacht)

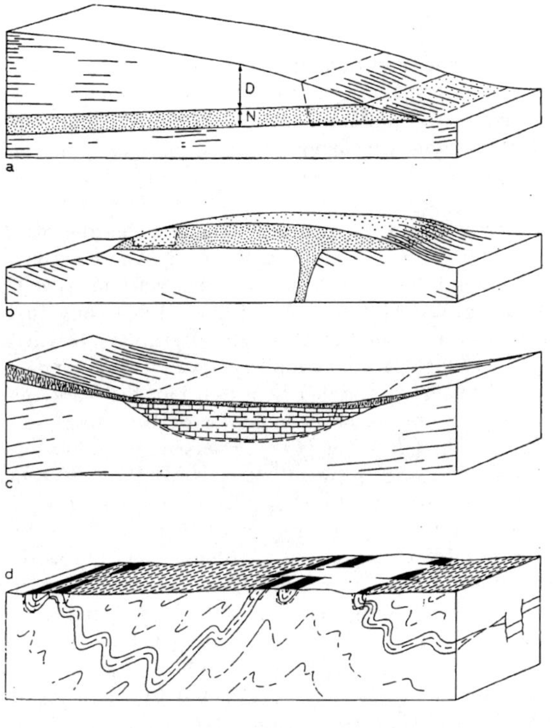

Abb. 8. Schematische Blockbilder der Werksteinlagerstätten in Sedimentgesteinen und vulkanischen Tuffen (gestrichelte Linien — Maßstab für mögliche Steinbrüche)

a) gleichmäßig mächtige, flach gelagerte Schicht in zertaltem Gelände (Sandsteine des Rotliegenden von Tambach, Buntsandstein Thüringens, Schaumkalk im Thüringer Muschelkalk, Quadersandstein des Elbsandsteingebirges), N — Nutzmächtigkeit, D — Deckgebirge

b) flach gelagertes Gestein auf Bergen und Bergrücken (Rochlitzer Porphyrtuff, vgl. auch Seeberg-Sandstein bei Gotha)

c) seitlich auskeilende Schichten in einer Talsenke (Travertin Langensalza, vgl. auch Travertin Ehringsdorf)

d) gefaltete Schichten in relativ flachem Gelände (Knotenkalk des Devons: Saalburger Marmor). Signaturen auf der Blockoberfläche: schwarz: Bereich möglicher Steinbrüche, gestrichelt: Knotenkalk unter zu mächtigem Deckgebirge (nicht abbauwürdig), weiß: kein Knotenkalk vorhanden

korrekt ist er eigentlich als Serpentinit zu bezeichnen (Abb. 7a). Der sehr unterschiedlichen Rohblockgröße wegen kombiniert man bei der Nutzung dieser Lagerstätte die Werk- und Dekorationssteinproduktion mit der Herstellung von Brecherprodukten, insbesondere Terrazzokörnungen. Das technische Hauptproblem bei der Verarbeitung von Serpentiniten liegt in ihrer mineralogischen Beschaffenheit. Ursprünglich als diabas- oder basaltähnliches Magmagestein gebildet, wurde das Gestein durch die Metamorphose vor und während der varistischen Gebirgsbildung in ein aus Serpentin und Granat bestehendes Gestein umgewandelt. Da Serpentin sehr weich (Mohssche Härtestufe 3 bis 4), Granat aber sehr hart ist (Härtestufe 6,5 bis 7,5), läßt sich dieser „frische“ Serpentinit nicht oder nur schwer schneiden, schleifen und polieren. Möglich ist eine solche Verarbeitung jedoch in Lagerstättenteilen, in denen der Granat durch besondere Vorgänge der Metamorphose in eine Varietät des weicheren Chlorits (Härtestufe 2 bis 2,5) umgewandelt worden ist. Die Härtewerte von Serpentin und Chlorit sind für eine Verarbeitung des Gesteins hinreichend ähnlich.

Andere nutzbare Metamorphite, und zwar der Fruchtschiefer von Theuma, der Gneis von Schlettau und der Bordenschiefer von Lehesten—Unterloquitz zeichnen sich durch stark schiefriges Gefüge, d. h. durch eine tektonisch bedingte, die Schichtung beliebig schneidende gute Spaltbarkeit, aus. Der Fruchtschiefer von Theuma (Abb. 7b) ist als Kontaktgestein durch die getreidekornähnlichen Cordieritneubildungen gekennzeichnet. Ihre Anzahl und Größe werden nicht allein durch das Ausgangsgestein, auch nicht wesentlich durch die zuerst erfolgte Regionalmetamorphose, sondern durch die mit der Intrusion des Bergener Granits verbundene Kontaktmetamorphose bestimmt. Die typische Farb- und Strukturwirkung des Theumaer Fruchtschiefers ist also das Ergebnis des Zusammenwirkens mehrerer voneinander unabhängiger Faktoren. Die Fruchtschieferlagerstätte bildet deshalb trotz ihrer relativen Größe gewissermaßen einen Sonderfall (vgl. PESCHEL & FRANZ 1968).

Der Gneis von Schlettau gehört zu dem sogenannten Marienberger Gneis, einem kleinkörnig-schuppigen Biotitgneis des mittleren und östlichen Erzgebirges. Das plattenförmig brechende Material wird ähnlich wie der Fruchtschiefer von Theuma verwendet, nämlich zu Plattenbelägen und relativ grobem Mauerwerk in der Außenarchitektur und wirkt dabei durch seine Struktur und den Glimmer sehr dekorativ. Als Produkt der Regionalmetamorphose kommt der Marienberger Gneis derart großflächig vor, daß seine Verbreitung fast die Dimensionen des Lausitzer Hauptgranits erreicht und die Gneislagerstätten zum Typ I zu rechnen sind.

Der Dachschiefer von Lehesten hat als Werkstein im engeren Sinne keine nennenswerte Bedeutung, da das Material durch seine gute Schieferung am besten zur Dachbedeckung geeignet ist. Als plattiger Werkstein mit besonderer Farbwirkung (dunkelblaugrau, schiefergrau, kontrastierend mit Mörtelfugen) ist aber der Bordenschiefer zu nennen. Bordenschiefer unterscheidet sich vom Dachschiefer nur durch die gröbere Schieferung, die die Herstellung dickerer Platten ermöglicht. Ferner ergeben sich durch die Einlagerung hellerer Schichten, die von den Schieferflächen oft schräg geschnitten werden, auf den Platten oft besondere Struktureffekte (Abb. 7c). Bisher ist der Bordenschiefer nur ein Nebenprodukt der Dachschieferproduktion. Die Bordenschieferlagerstätte ist wie die des Dachschiefers durch intensive Scherfaltung und Verschuppung des Gesteins gekennzeichnet, die ihm zwar erst die technisch wichtige Schieferung aufgeprägt, der Lagerstätte aber auch ihre für die Erkundung und Abbautechnik komplizierte Form gegeben haben (PFEIFFER 1957, 1962; SCHUBERT 1968).

Grundsätzlich einfacher hinsichtlich der primären Lagerungsformen sind die Lagerstätten der als Werksteine nutzbaren sedimentären Gesteine und vulkanischen Tuffe (Abb. 8). Die primäre Lagerungsform dieser Gesteine ist die Schicht als nahezu gleichmäßig mächtige und horizontal abgelagerte Gesteinsplatte. Trotzdem können wir auch hierbei mehrere Typen mit jeweils spezifischer technischer Problematik unterscheiden.

Der Regelfall ungestörter und wenig gestörter Vorkommen von sedimentären Werksteinlagerstätten in der DDR ist eine praktisch nahezu unbegrenzte Verbreitung des Nutzgesteins in Form einer horizontal oder flach geneigt liegenden Schicht. Ihr Abbau wird nur durch morphologiebedingte Steigerung der Abraummächtigkeiten erschwert und begrenzt (Abb. 8a). Mit unterschiedlichen Deckgebirgsverhältnissen und verschiedenen absoluten Mächtigkeiten finden wir diese Verhältnisse im Rotliegendsandstein von Tambach, im Buntsandstein von Heiligenstadt und Schmalkalden—Salzungen, im Muschelkalk von Freyburg/Unstrut (POMPER & JUBITZ 1960) und Oberdorla bei Mühlhausen sowie in den Quadersandsteinen von Cotta, Reinhardtsdorf und Posta—Herrenleithe (PRESCHER 1953).

Es gibt auch sedimentäre bzw. tuffitische Lagerstätten, die ganz oder fast frei von Deckgebirge sind. Das gilt z. B. für die flachschichtig ausgebildeten Porphyrtuffe von Rochlitz (Abb. 8b) und vom Zeisigwald bei Karl-Marx-Stadt, die beide seit ihrer Entstehung im Rotliegenden vermutlich kaum eine nennenswerte Überlagerung durch jüngere Gesteine erfahren haben. Ein zweites Beispiel dafür sind die aus der jüngsten geologischen Vergangenheit (Holozän bzw. Pleistozän) stammenden Travertine von Langensalza und Ehringsdorf. Hier sind die Lagerstätten allerdings durch ihre Kleinheit, ihr plötzliches seitliches Auskeilen und ihre Wechselhaftigkeit in der Gesteinsbeschaffenheit so kompliziert, daß sie trotz der generell flachen, ungestörten Lagerung und trotz des geringen Abraums zum Lagerstättentyp III gerechnet werden müssen. Eine 1967 durchgeführte Erkundung im Travertin von Ehringsdorf zeigte, auf welch kurze Entfernung guter bankiger Werksteintravertin in mürben technisch ungeeigneten Travertin übergehen kann (WAGENBRETH, STEINER, LANGE, FREYBURG 1969) (Abb. 8c).

Eine dritte Möglichkeit der Ausbildung sedimentärer Werksteinlagerstätten ist dann gegeben, wenn eine an sich großflächig auftretende nutzbare Schicht nicht mehr eben und flach, sondern stark gestört vorliegt. So kommt der devonische Knotenkalk, der Rohstein für den Saalburger Marmor, zwar fast im gesamten Thüringischen Schiefergebirge vor, er liegt aber wegen der starken Faltungen überwiegend in solchen Teufen, daß er nicht abgebaut werden kann (Abb. 8d). Nutzbare Werksteinlagerstätten des devonischen Knotenkalks finden sich — geeignete gesteinsphysikalische Eigenschaften vorausgesetzt — nur dort, wo die stark gefalteten Schichten in Oberflächennähe liegen. Die Verteilung der Knotenkalklagerstätten ist also in besonders deutlicher Weise eine Frage der Lagerungsform des Gesteins und der Morphologie. Daraus resultieren die Kleinheit der Knotenkalklagerstätten und ihre Zugehörigkeit zum Lagerstättentyp III.

Zusammenfassend zeigt die hier gegebene Übersicht, wie sowohl die bekannten und üblichen Größen der Werksteinbrüche von den Lagerstättenverhältnissen abhängen, wie aber darüber hinaus auch die Einführung künftiger Abbauverfahren von der Lagerstätte her ihre Begrenzung findet und Betriebe nicht beliebig vergrößert werden können. Im gleichen Zusammenhang muß man die Lebensdauer und die Lieferfähigkeit eines Werksteinbruches sehen, in deren Optimierung innerhalb des Gesamtsystems des Bauwesens eben die Lagerstättenverhältnisse als relativ unbeeinflußbare Größe eingehen. Nur „relativ" unbeeinflußbar sind die Lagerstättenverhältnisse deshalb, weil man in der Betrachtung von der einzelnen Lagerstätte auf vergleichbare Reservelagerstätten und auf Importe übergehen darf und muß.

Die DDR besitzt eine Vielzahl von Naturwerksteinlagerstätten, muß jedoch mit diesem Reichtum planmäßig umgehen, um ihn zweckmäßig zu nutzen.

III. Mögliche Reservelagerstätten für die Werksteinindustrie der DDR

Die beschränkte Lebensdauer der zur Zeit betriebenen Werksteinbrüche der DDR (Abb. 9) veranlaßt die Frage nach der Möglichkeit, für auslaufende Steinbrüche Reservelagerstätten zu finden. Diese Frage betrifft die Aufgabenstellung der geologischen Erkundung. Sie muß von zwei Seiten her beurteilt werden: von der

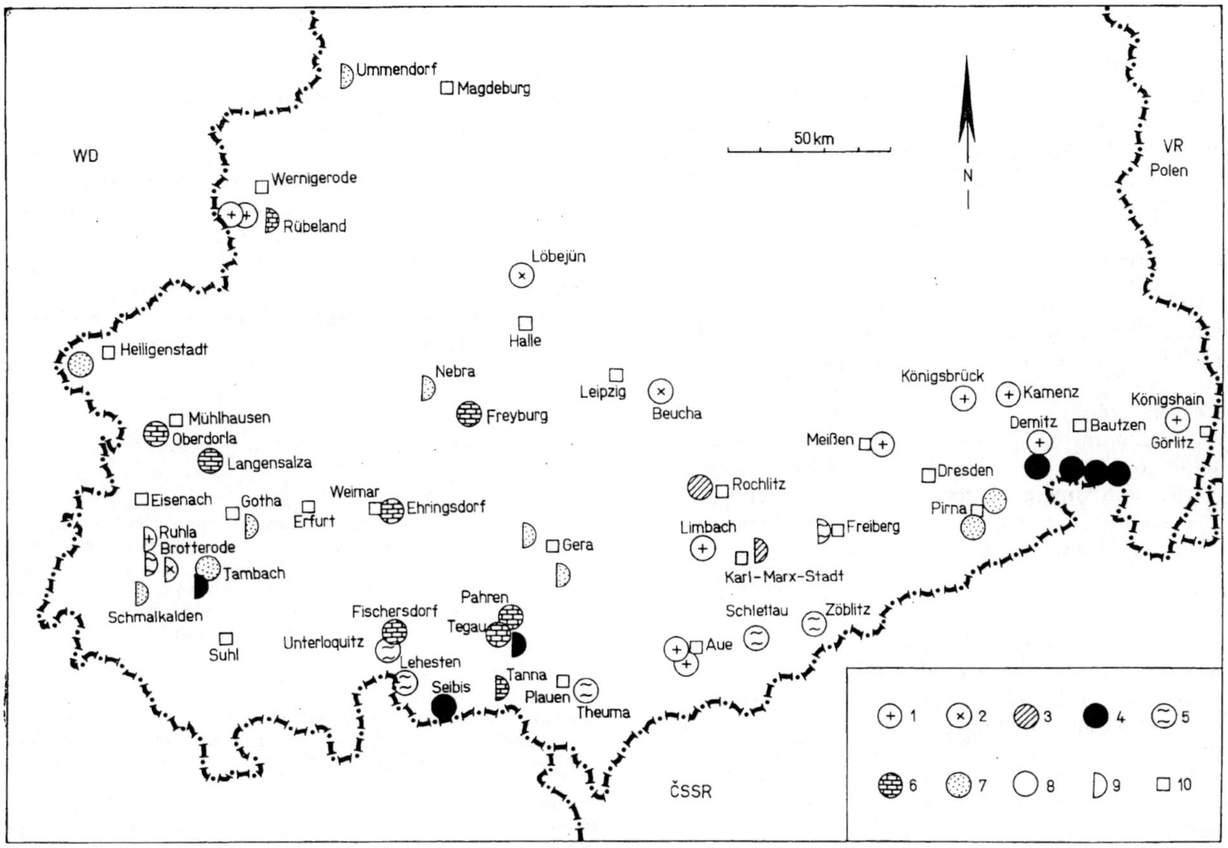

Abb. 9. Die Werksteinlagerstätten der DDR

1 – Granit, 2 – Granitporphyr, Quarzporphyr und Diorit, 3 – Porphyrtuff, 4 – dunkle Magmatite (Lamprophyr und Pikrit), 5 – Metamorphite (Serpentinit, Fruchtschiefer, Bordenschiefer, Dachschiefer, Gneis), 6 – Marmor und Kalkstein, 7 – Sandstein, 8 – Vorkommen wird zur Zeit von Werksteinindustrie genutzt, 9 – Vorkommen wird zur Zeit nicht genutzt, 10 – Städte

gesteinsphysikalischen Eignung des Materials, worüber hier hinsichtlich der Reservelagerstätten keine Einzelheiten vorgetragen werden können, und von der zu erwartenden Größe und Form der Lagerstättenkörper.

Lagerstätten, die für lange Zeit genügend groß sind und bei denen die Lebensdauer des Abbaus nur vom Auffinden weiterer gesteinsphysikalisch und abbautechnisch geeigneter Lagerstättenteile abhängt, sind z. B. der Lausitzer Hauptgranit, das Granitmassiv des Brockens, der Quarzporphyr von Löbejün und der Quadersandstein im Elbsandsteingebirge.

Alle anderen im vorigen Abschnitt erwähnten Lagerstätten sind in ihrer volkswirtschaftlichen Lebensdauer überschaubar begrenzt, was z. B. aus der geologischen Situation des Meißner Granits, des „Syenits" von Limbach, der Lausitzer Lamprophyre, des Travertins und des Saalburger Marmors hervorging. Zu allen im Abschnitt II. behandelten Gesteinsgruppen sind jedoch Gesteinsvorkommen zu nennen, die möglicherweise Reservelagerstätten für die Zukunft unserer Werksteinindustrie enthalten und deren Erkundung rechtzeitig in Angriff genommen werden sollte. Auch diese Reservelagerstätten konzentrieren sich wie die in Abbau befindlichen im Südteil der DDR. Sie seien hier noch kurz charakterisiert (Abb. 9):

Granite und ähnliche magmatische Gesteine

Für die Werksteingewinnung geeignet sind der rötliche, durch große Feldspateinsprenglinge dekorativ strukturierte Ruhlaer Granit und der graue, lebhaft gesprenkelte Diorit von Brotterode (HOPPE 1939). Ob ein Abbau im Granit vom Henneberg bei Wurzbach in Betracht gezogen werden kann, ist eine Frage der Abstimmung mit dem dort arbeitenden Schotterwerk. Für den Limbacher „Syenit" lassen sich vermutlich noch andere vergleichbare, aber auch nur kleinere Vorkommen im Bereich des Granulitgebirges finden. Von der Farb- und Strukturwirkung diesem Gestein vergleichbar ist auch der oft rötliche, feinkörnige Granit von Naundorf—Niederbobritzsch bei Freiberg.

Dunkle Magmagesteine

Vorkommen von Diabas sind im Harz, in Thüringen und in Sachsen ziemlich zahlreich. Doch dürfte es schwierig sein, darunter solche mit geeignet frischem dekorativ wirkendem Material von hinreichender Rohblockgröße zu erkunden. Früher wurden aus Diabasen bei Lobenstein, Schleiz und Zeulenroda Werksteine gewonnen (HOPPE 1939). Auch der Diabastuff von Rentzschmühle bei Plauen ist zur Werksteinherstellung geeignet (HOPPE 1939). Ein Vorkommen, das vor Jahrzehnten schon einmal genutzt wurde und einen sehr dekorativen Stein enthält, ist der dunkelgrüne sogenannte Mesodiabas der Hühnberge bei Tambach. Nachteilig wirkt nur seine verkehrsungünstige Lage. Das Vorkommen an sich ist sehr groß, so daß es je nach Anteil der für Werksteine geeigneten Lagerstättenteile unser Bauwesen auf lange Sicht mit dunklem Werkstein versorgen könnte.

Metamorphite

Außer bei Zöblitz kommen Serpentinite noch an anderen Stellen des Erzgebirges und im Granulitgebirge vor. Sie sind allerdings auch nur zum Teil für Werksteingewinnung geeignet, z. B. bei Hohenstein-Ernstthal.

Metamorphe Gesteine, deren Verwendbarkeit in der Werksteinindustrie geprüft werden könnte, sind der Freiberger Gneis, verschiedene andere Gneise des Erzgebirges und Gneise aus dem Ruhlaer Kristallin sowie für bestimmte Zwecke der sehr dekorative silbergrüne phyllitische Schiefer von Berga (Elster).

Sedimentäre Gesteine und vulkanische Tuffe

Eben und flach gelagerte Sandsteinvorkommen unter wechselndem, aber künftig mächtiger werdendem Deckgebirge (vgl. Abb. 8a) gibt es (mit einst bedeutender Werksteingewinnung!) im Unteren Buntsandstein von Falka und Kraftsdorf bei Gera, im Mittleren Buntsandstein von Nebra (Unstrut) und Berka bei Weimar sowie im südthüringischen Buntsandstein bei Schmalkalden—Bad Salzungen. Auch der Abbau des rotliegenden Tambacher Sandsteins könnte von der Lagerstätte her erweitert werden. Die Keuper-Sandsteine vom Seeberg bei Gotha und von Ummendorf westlich Magdeburg sind zwar auch unter Abraum zu gewinnen, dieser würde sich jedoch beim weiteren Abbau nicht derart progressiv steigern wie bei den zuvor genannten Sandsteinvorkommen.

Den Lagerstätten von Freyburg und Oberdorla vergleichbare Muschelkalkvorkommen mit großen Bankmächtigkeiten und Vorräten unter noch tragbaren Abraummassen sind wohl kaum noch vorhanden. Alle ähnlichen Stellen sind durch den alten Abbau erschöpft, bei dem die Schaumkalkbänke nur unter mächtigem Abraum zurückgelassen wurden.

Neben dem Rochlitzer Porphyrtuff könnte der Tuff des Zeisigwaldes bei Karl-Marx-Stadt verstärkt abgebaut werden, der allerdings die Qualität des Rochlitzer Tuffes weder in der dekorativen Farbwirkung noch in den gesteinstechnischen Eigenschaften erreicht. Zur Zeit werden im Zeisigwald Werksteine nur für bestimmte Denkmalspflegearbeiten gewonnen (Wolfgangskirche Schneeberg, Augustusburg). Auch die Porphyrtuffe des Thüringer Waldes könnten Möglichkeiten für einen künftigen Abbau bieten.

Als Reservelagerstätte für den jetzt auslaufenden Travertin von Langensalza ist der Travertin von Ehringsdorf zu nennen, der selbst aber auch nur eine begrenzte Zeit Werksteinabbau ermöglichen wird (WAGENBRETH, STEINER, LANGE, FREYBURG 1969).

Dem Saalburger Marmor in der dekorativen Farb- und Strukturwirkung vergleichbar, aber anders entstanden und daher anders gelagert, ist der devonische Massenkalk von Rübeland, der auch in verschiedenen Farbnuancen auftritt. Es wäre denkbar, daß im Bereich von Rübeland außerhalb der großen Kalkbrüche der chemischen Industrie auch gesteinstechnisch geeignete Werksteinlagerstättenteile gefunden werden.

Ein dunkelgrauer bis schwarzer Kalkstein, der früher in Sachsen vielfach als Dekorationsstein verwendet wurde, ist der Kohlenkalk von Grüna bei Wildenfels bei Zwickau (BEIERLEIN & QUELLMALZ 1963). Trotz der geringen Größe des Vorkommens sollte man die Möglichkeit eines erneuten Abbaus prüfen. Die anderen, einst begehrten Marmore des Erzgebirges dürften jetzt nur noch in abbautechnisch ungünstigen Lagerstättenbereichen erhalten, sonst aber abgebaut sein.

IV. Die in der DDR verwendeten Importgesteine

Im Vorstehenden wurden die nach Farbe und Struktur allgemein bekannten Naturwerksteine der DDR hinsichtlich ihrer Lagerstätten und Perspektiven erläutert. Um den Überblick über die in der DDR verfügbaren Natursteine abzurunden, sei abschließend noch auf die wichtigsten Importgesteine hingewiesen, wobei jedoch weniger die Lagerstätten als vielmehr die Herkunft (Abb. 10) und die Gesteinsbeschaffenheit gekennzeichnet werden sollen.

Aus der Sowjetunion erhalten wir die vorwiegend roten bis bläulichen ukrainischen Granite von Korninski, Jemeljanowski, Tokowski, Jantschewo, Kubaschewo, Kapustino und Scheschelewo sowie den Labradorit von Golowino. Aus dem Ural werden Marmore von Koelga und Marmorski importiert.

Die SR Rumänien liefert weißen, körnigen Marmor aus Ruskiza und Monesa, Dobrudscha-Granit sowie Travertin und Andesit („Diabas").

Aus der VR Bulgarien beziehen wir sogenannten Muschelkalkstein und den weißen Kalkstein von Vraca, ferner Granit von Bazgovetz und Gabbro von Vetren.

Am vielseitigsten sind unsere Natursteinimporte aus der Ungarischen VR (dazu STEINER 1966). Der Reichtum der ungarischen Natursteinlagerstätten liegt in den Karbonat-

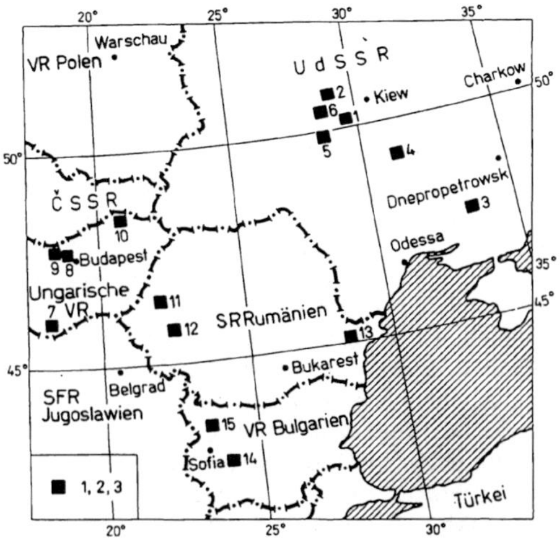

Abb. 10. Herkunft der wichtigsten in die DDR importierten Werksteine

1—5 — sowjetische Granite (1 — Korninski, 2 — Jemeljanowski, 3 — Tokowski, 4 — Kapustino, 5 — Scheschelewo); 6 — Labradorit von Golowino; 7 — gelbe und rote Marmore von Siklós, 8 — roter Marmor von Tardos; 9 — Travertin von Süttö; 10 — Marmor von Rakaca; 11 — Marmor von Monesa; 12 — Marmor von Ruskiza; 13 — Granit aus der Dobrudscha; 14 — Gabbro von Vetren; 15 — Kalkstein von Vraca

gesteinen, von denen einige typische, unverkennbare Farb- und Strukturmerkmale haben. Aus der Trias des Villányigebirges in Südungarn kommen hellockergelbe und rosafarbene Marmore von Siklós, die u. a. für Fußböden im Staatsratsgebäude Verwendung gefunden haben (WAGENBRETH 1968). Ebenfalls der Trias gehören die hell- bis dunkelgrauen Rakaca-Marmore aus Nordostungarn an. Eigenartig rotbraun-wolkig sind die Lias-Kalksteine von Tardos im Gerecsegebirge nordwestlich von Budapest. Aus Süttö in Nordungarn wird ein dichter, gelblich-grauer Travertin importiert.

Das früher wirksame Prinzip, möglichst bodenständigen Naturstein in der Architektur zu verwenden, hat heute nur noch bedingt und bei bestimmter architektonischer Gestaltungsabsicht Geltung (WAGENBRETH 1968). Ganz allgemein sollten wir die Vielfalt der architektonischen Gestaltungsmöglichkeiten, die uns mit den zahlreichen in- und ausländischen Werk- und Dekorationssteinen geboten wird, voll nutzen.

Zusammenfassung

Nach historischen und grundsätzlichen Bemerkungen zur Bedeutung des Naturwerksteins im Bauwesen und nach allgemeinen Empfehlungen für die Erkundung und für die Rohsteinwirtschaft der Werksteinindustrie der DDR werden die Lagerstättenverhältnisse im Granit und in ähnlichen Gesteinen (Granitporphyr), dunklen Magmagesteinen (Lamprophyren, Pikrit), Metamorphiten (Serpentin, Fruchtschiefer u. a.) und Sedimenten (Sandstein, Kalkstein, Marmor) behandelt. Die begrenzte Lebensdauer einiger Vorkommen gab Anlaß zu einer Diskussion über die Möglichkeit der Erschließung von Reservelagerstätten für die Werksteinindustrie in der DDR.

Abschließend wird auf die volkswirtschaftliche Bedeutung und auf die architektonische Zweckmäßigkeit des Imports von Naturstein hingewiesen. Die für die DDR wichtigsten Importgesteine werden genannt.

Резюме

После исторических и основных замечаний о значении естественного строительного камня в строительном деле и общих рекомендаций для разведки и хозяйства природных камней для камнеобрабатывающей промышленности в ГДР рассматриваются условия в месторождениях гранита и сходных пород (гранит-порфир), темных магматических пород (лампрофир, пикрит), метаморфитов (серпентин, фруктовый сланец и др.) и осадочных пород (песчаник, известняк, мрамор). Ограниченные запасы некоторых месторождений служили поводом для дискуссии о возможности вскрытия запасных месторождений для промышленности каменного строительного и декоративного материала в ГДР.

В заключение указывается на народнохозяйственное значение и целесообразность импорта естественного каменного материала по архитектурным причинам. Перечисляются самые важные для нас виды камней из импорта.

Summary

Historical and fundamental observations on the importance of natural freestones in the building industry and general recommendations for their exploration and the pit and quarry industry of the G.D.R. are followed by a description of deposit conditions in the granite and similar rocks (granite porphyry), dark igneous rocks (lamprophyre, picrite), metamorphites (serpentine, spotted slates, et al.) and sediments (sandstone, limestone, marble). The limited life of some occurrences gave rise to discuss the exploration of reserve deposits for the freestone industry of the G.D.R.

Final remarks deal with the economic importance and suitability of importing natural stones for architectonic reasons, the most important of which are mentioned.

Literatur

BERGER, D.: Zur Petrographie und Verwendung des Riesensteingranites von Meißen. — Sächsische Heimatblätter, H. 5, 219—222, Dresden 1968.

BEIERLEIN, P. R., & W. QUELLMALZ: Geschichte der erzgebirgischen Marmorbrüche, insbesondere des schwarzen Bruches zu Kalkgrün bei Wildenfels. — Jb. Staatl. Mus. Mineral. Geol., 1963, 163—251, Dresden 1963.

FREYBURG, E.: Der Buntsandstein Südwestthüringens in seinen gesteinstechnischen Eigenschaften und seiner Nutzbarkeit für die Gewinnung von Werksteinen und Bausand. — Diss., Hochschule f. Architektur u. Bauwesen, Weimar 1969.

HOPPE, W.: Vorkommen und Beschaffenheit der Werk- und Dekorationssteine in Thüringen. — Berlin 1939.

— Die Natursteinvorkommen der Deutschen Demokratischen Republik. — Z. angew. Geol., 9, 393—400, Berlin 1963.

KLAUA, D.: Beziehungen zwischen petrographischer Ausbildung und gesteinstechnischen Eigenschaften der Seeberg-Sandsteine (Rhät) bei Gotha in Thüringen. — Geologie, 15, 822—832, Berlin 1966.

MÖBUS, G.: Die variscische Tektogenese in der Elbtalzone. — Geologie, 15, 6—18, Berlin 1966.

PESCHEL, A., & R. FRANZ: Der Fruchtschiefer von Theuma/Vogtl. Beziehungen zwischen Genese und Verwertbarkeit. — Z. angew. Geol., 14, 483—489, Berlin 1968.

PFEIFFER, H.: Über das Problematische des Schieferbergbaus. — Z. angew. Geol., 3, 558—563, Berlin 1957.

— Beiträge zur Tektonik der Frankenwälder Querzone zwischen Saalfeld und Lehesten. — Geologie, 11, 416—427, Berlin 1962.

PIETZSCH, K.: Die Elbtalzone. — Ber. geol. Ges. DDR, 1, 117—135, Berlin 1956.

— Geologie von Sachsen. — VEB Deutscher Verlag der Wissenschaften, Berlin 1962.

POMPER, J., & K. B. JUBITZ: Der Schaumkalk von Freyburg/Unstrut, ein hochwertiger Werk- und Ornamentstein. — Silikattechnik, 11, 167—174, Berlin 1960.

POPP.: Geologische Übersicht über die Lamprophyrvorkommen und -lagerstätten in der Lausitz und die Möglichkeit ihrer Nutzung für die Werkstein- und Veredelungsindustrie. — Unveröff. Gutachten, Bezirksstelle für Geologie, Dresden 1966.

PRESCHER, H.: Der Elbsandstein als Bausteinlieferant für den Wiederaufbau. — Freiberger Forsch.-H., C 5, 58—62, Berlin 1953.

SCHUBERT, R.: Der Einfluß der Tektonik auf den Abbau und die Aufbereitung des thüringischen Dachschiefers. — Z. angew. Geol., 14, 520—525, Berlin 1968.

SCHWAB, M.: Der geologische Aufbau des Halleschen Porphyrkomplexes. — Hercynia, 1, 167—185, Leipzig 1964.

— Führer zur Exkursion A/C 38 des 23. Internationalen Geologenkongresses in Prag. — Halle 1968.

SEIFERT, J.: Ergebnisbericht über die Erkundung des Pikrits von Seibis 1965/1966. — Unveröff. Manuskr., VEB Geol. Erk. West, Halle—Jena 1966.

STEINER, W.: Die nutzbaren Steine und Erden der VR Ungarn. — Wiss. Z. Hochschule f. Architektur u. Bauwesen, 13, 203—222, Weimar 1966.

— Die Harzer Granite (Brocken-Granite und ihre Verwendung als Werk- und Dekorationssteine). — Wiss. Z. Hochschule f. Architektur u. Bauwesen, 15, 551—576, Weimar 1968.

WAGENBRETH, O.: Baustoffwerk und Rohstofflagerstätte, ein Überblick über die Einflüsse der Lagerungsformen auf die Erkundung und den Abbau von Rohstoffen der Baustoffindustrie. — Wiss. Z. Hochschule f. Architektur u. Bauwesen, 13, 275—291, Weimar 1966.

— Über die „Forderung nach Bodenständigkeit" des in der Architektur verwendeten Natursteins. — Wiss. Z. Hochschule f. Architektur u. Bauwesen, 15, 541—550, Weimar 1968.

WAGENBRETH, O., W. STEINER, P. LANGE & E. FREYBURG: Aufgaben, Methoden und Ergebnisse einer geologischen Komplexerkundung im Travertin von Weimar-Ehringsdorf. — Wiss. Z. Hochschule f. Architektur u. Bauwesen, 16, 61—84, Weimar 1969.

Instruktion zur Anwendung der „Klassifikation der Lagerstättenvorräte fester mineralischer Rohstoffe" auf Natursteinlagerstätten der DDR (1. Naturstein-Instruktion) vom 17. 12. 1963. — WTI Zentr. Geol. Inst., 5, 66—71, Berlin 1964.

Naturstein der Deutschen Demokratischen Republik. — Katalog 1968. — Herausgeber: VVB Zuschlagstoffe und Natursteine.

Böschungsausbrüche im Brückentiefschnitt des Tagebaus Böhlen und ihre geologischen Ursachen

HANS-JOACHIM BELLMANN, Gaschwitz

Einleitung

Eine Beschreibung der allgemeinen geologischen Verhältnisse des Abbaufeldes Böhlen erfolgte in jüngster Zeit durch R. HOHL (1967) und L. EISSMANN (1968). An diese anschaulichen Darstellungen der Abbaubedingungen, insbesondere im Hinblick auf die Verschluffung der marinen mitteloligozänen Schichten, knüpfen die vorliegenden Untersuchungen an. Das geologische „Normalprofil" für den Tagebau Böhlen zeigt Abb. 1. Über Veränderungen der allgemeinen geologischen Verhältnisse in den einzelnen Baufeldern des Tagebaus kann bei R. HOHL (1967) nachgelesen werden.

Die betriebstechnologischen Verhältnisse des Tagebaus Böhlen hat H. MATSCHAK (1967) in seiner gemeinsamen Arbeit mit R. HOHL im Rahmen seiner bodenmechanischen Auswertung bereits angedeutet. In dem Förderbrückentagebau werden die 35 bis 40 m mächtigen marinen mitteloligozänen Schichten zum größten Teil durch einen Brückentief- und Brückenhochschnitt mit zwei Ds–1600 abgetragen. Während im Brückenhochschnitt Feinsande vorherrschen, überwiegen im Brückentiefschnitt schluffige Feinsande und feinsandige Schluffe.

Zur Entstehung der Ausbrüche im Brückentiefschnitt

Seit Ende 1964 treten im Brückentiefschnitt sogenannte Böschungsausbrüche auf. Sie waren zunächst klein und erreichten nicht die Böschungsoberkante des Förderbrückentiefschnitts.

Nach einem Gutachten von K. SCHUBERT (1964) konnten unter den damaligen Bedingungen Böschungswinkel zwischen 40° und 45° geschnitten werden. Die Verhältnisse der Jahresscheibe 1965, auf die sich die Untersuchungen bezogen, entsprachen den Aussagen des Gutachters.

Im Jahre 1966 nahmen die Ausbrüche im Brückentiefschnitt zahlen- und größenmäßig zu. Ende des Jahres erreichten sie die Oberkante des Baggerstützenplanums und brachen ca. 2 m in das 16 bis 17 m breite Vorland der Brückenbagger. Der Böschungswinkel des Brückentiefschnitts wurde daraufhin nach ersten Untersuchungen des Wissenschaftlich-Technischen Instituts (WTI) der VVB Braunkohle Leipzig auf 38° gesenkt und das Gerätevorland von 16 bis 17 m beibehalten.

Anfang des Jahres 1967 betrug das Ausbruchvolumen einiger Ausbrüche 3000 bis 4000 m³ im Gegensatz zu einem Ausbruchvolumen von ca. 400 bis 500 m³ in den Jahren 1964/1965. Gerätehavarien waren nicht zu verzeichnen. Die Ausbruchstellen wurden überbaggert und die Ausbrüche je nach der geologischen Situation ganz oder teilweise weggeschnitten.

Eingang des Manuskripts in der Redaktion: 12. 5. 1969.

Die Zunahme der Ausbruchgröße ergab sich aus einer Zunahme der Länge des Rutschungsgebiets und durch das Hochbrechen der Abrißkante bis in das Baggerstützenplanum. Eine wesentliche Zunahme der Rutschungstiefe, d. h. eine Reduzierung des Baggervorlandes, erfolgte nicht. Abb. 2 vermittelt einen Eindruck vom Ausmaß der Böschungsausbrüche.

Geologische Untersuchungsmethoden

Die Zunahme der Böschungsausbrüche im Jahre 1966 erforderte sowohl geologisch als auch bodenmechanisch eine intensive Untersuchung der Rutschungen. Die bodenmechanische Bearbeitung erfolgte vom WTI der VVB Braunkohle Leipzig in enger Zusammenarbeit mit den Leitungskräften des Tagebaus Böhlen.

Zur Klärung der geologischen Ursachen wurden an Hand von Bohrunterlagen und Profilaufnahmen im Tagebau die speziellen geologischen und geohydrologischen Verhältnisse an den Ausbruchstellen erkundet. Eindeutig konnte dabei nachgewiesen werden, daß ein feingeschichteter Schluff (Bänderschluff) als eine der Hauptursachen für die Rutschungen in Frage kommt. Die Entnahme von Bodenproben aus den Rutschungsgebieten und die ständige Vermessung der

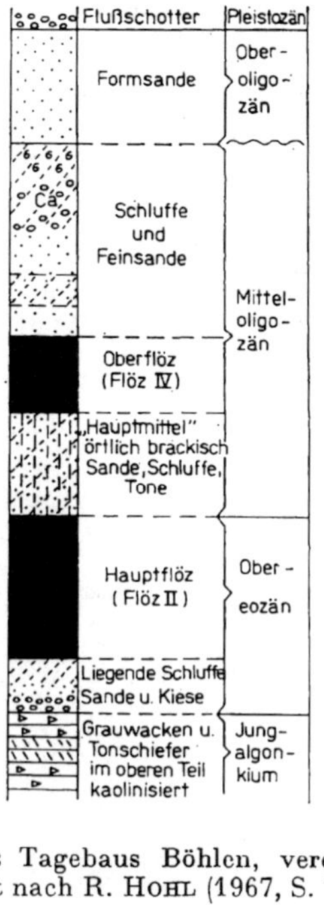

Abb. 1. Profil des Tagebaus Böhlen, vereinfacht und ergänzt nach R. HOHL (1967, S. 73)

Abb. 2. Böschungsausbruch im Brückentiefschnitt des Tagebaus Böhlen, Mittelabschnitt 1968

Ausbrüche durch die Betriebsmarkscheiderei lieferten weiteres Unterlagenmaterial für die geologische und bodenmechanische Rutschungsanalyse. Obwohl mit dem Nachweis des marinen, mitteloligozänen Bänderschluffs als vorgegebene Gleitfläche eine der Hauptursachen erkannt wurde, blieb die Frage zu klären, warum die Rutschungen an bestimmten Stellen wiederholt auftraten. Erfahrungen lagen diesbezüglich durch K. SCHUBERT (1964) vor, der sowohl auf die Möglichkeit von Gleitflächenrutschungen als auch auf Gleitrutschungen hingewiesen hatte, die von schwach wassererfüllten Mulden begünstigt werden.

Zur endgültigen Klärung der Rutschungsursachen trug in der Folgezeit ein Großversuch von Februar bis März 1967 bei. Das Ziel des Großversuchs war, an Stellen, an denen Rutschungen zu erwarten waren, einen relativ steilen Böschungswinkel ($\beta = 45°$) zu schneiden, den Rutschungsverlauf zeitlich zu erfassen, die geologisch-hydrologischen Verhältnisse genauestens zu dokumentieren und danach aus der bodenmechanischen Rückrechnung der erfolgten Rutschungen die Bodenkennwerte zu ermitteln.

Die speziellen geologisch-technologischen Verhältnisse erlaubten eine derartige Versuchsdurchführung.

Im Rahmen des Großversuchs erfolgte eine genaue Einmessung des Verlaufes der Bänderschluffschicht an der gesamten Brückentiefschnittböschung des Tagebaus. Ferner wurden die auf Abb. 3 (siehe Stand von 1968) eingetragenen Schichten eingemessen. Diese Arbeiten waren insofern notwendig, weil in älteren Bohrberichten des Abbaufeldes, wie R. HOHL (1967) bereits bemerkte, die Schichtenansprache teilweise zu wünschen übrig läßt. Aus dem Verlauf der Gleitfläche und der geologischen Schichten konnten wichtige Rückschlüsse auf die Rutschungsursachen gezogen werden.

Im Versuchsgebiet traten am sechsten Tag nach der Ausbaggerung zwei Ausbrüche auf. Sie konnten über einen Zeitraum von vier Wochen beobachtet werden, weil der Versuchsbereich in Drehpunktnähe lag und hier der geringste Abbaufortschritt erfolgte. Die beiden nebeneinanderliegenden Rutschungen vereinigten sich nach ca. 20 Stunden zu einer Rutschung. Innerhalb von vier Wochen veränderte sich der Böschungsausbruch in der auf Abb. 4 dargestellten Weise. Der größte Verlust an Gerätevorland betrug in diesem Zeitraum in einem lokalen Abschnitt 4,5 bis 5,0 m. An sämtlichen anderen Stellen ging die Rutschung nur bis zur Böschungsoberkante.

Bänderschluff als vorgegebene Gleitfläche

Die eingehende geologische Auswertung des Großversuchs 1967 und die Untersuchung aller Böschungsausbrüche im Brückentiefschnitt des Tagebaus Böhlen ergaben, daß die Rutschungen in jedem Falle auf vorgegebener Gleitfläche erfolgen. Zur Erläuterung dieser Tatsache muß in erster Linie die Entwicklung des geologischen Profils betrachtet werden.

Im geologischen Profil des Tagebaus Böhlen wurden seit 1957 verstärkt Schluffeinlagerungen im Niveau der „Braunen Sande" angeschnitten. Sowohl im „Braunen Sand" als auch in den anderen mitteloligozänen Schichten nahm der Schluffgehalt im Anschnittsbereich seit dieser Zeit weiter zu, und es ergibt sich die auf Abb. 3 dargestellte Entwicklung des geologischen Profils.

Die Untersuchungen von L. ENGERT (1958), R. HOHL (1962, 1967), H. MATSCHAK (1963, 1967), P. JOLAS (1965), L. EISSMANN (1968) und die eigenen Untersuchungen des Verf. bestätigen die Feststellung, daß sich der Tagebau Böhlen gegenwärtig im Beckentiefsten der mitteloligozänen Leipziger Bucht befindet. Eine wesentliche Veränderung der Fazies tritt in nördlicher Richtung nicht ein. Nach Nordwesten verbessern sich die Abraumverhältnisse wieder, während sie in westlicher Richtung bis in Höhe der Ortslage Eythra im wesentlichen unverändert bleiben.

Aus den von L. ENGERT (1957 und 1958) angeführten drei Grobschluffhorizonten entwickelte sich von den strandfernen Bereichen bis zu den beckentiefsten Teilen ein zum Teil geschichteter, feinsandiger Mittel- bis Grobschluff mit zunehmendem Feinschluffanteil. Der Tongehalt des Bänderschluffs schwankt nach den bisher ausgewerteten Analysen zwischen 2 bis 15%. Die Gesamtmächtigkeit des Braunen Schluffs beträgt 3 bis 4 m. Die Schichtung ist in den obersten 0,5 m mächtigen Partien augebildet.

Unter dem 0,3 bis 0,5 m mächtigen Bänderschluff lagert ein brauner ungeschichteter Schluff, der lokal

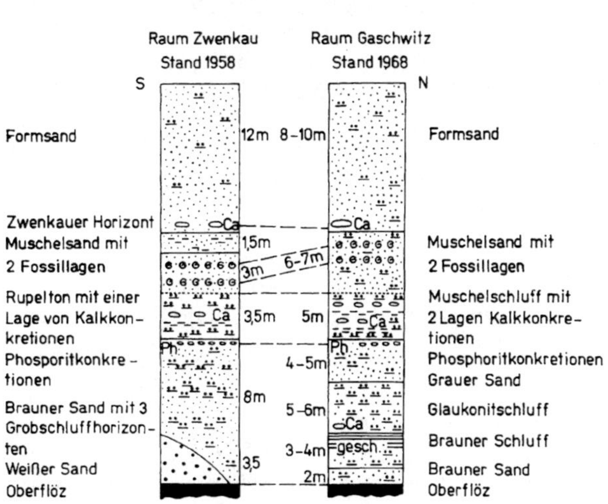

Abb. 3. Gliederung der mitteloligozänen Meeresablagerungen im Abbaufeld Böhlen nach L. ENGERT (1957) und H.-J. BELLMANN (1967) (aus L. EISSMANN 1968).

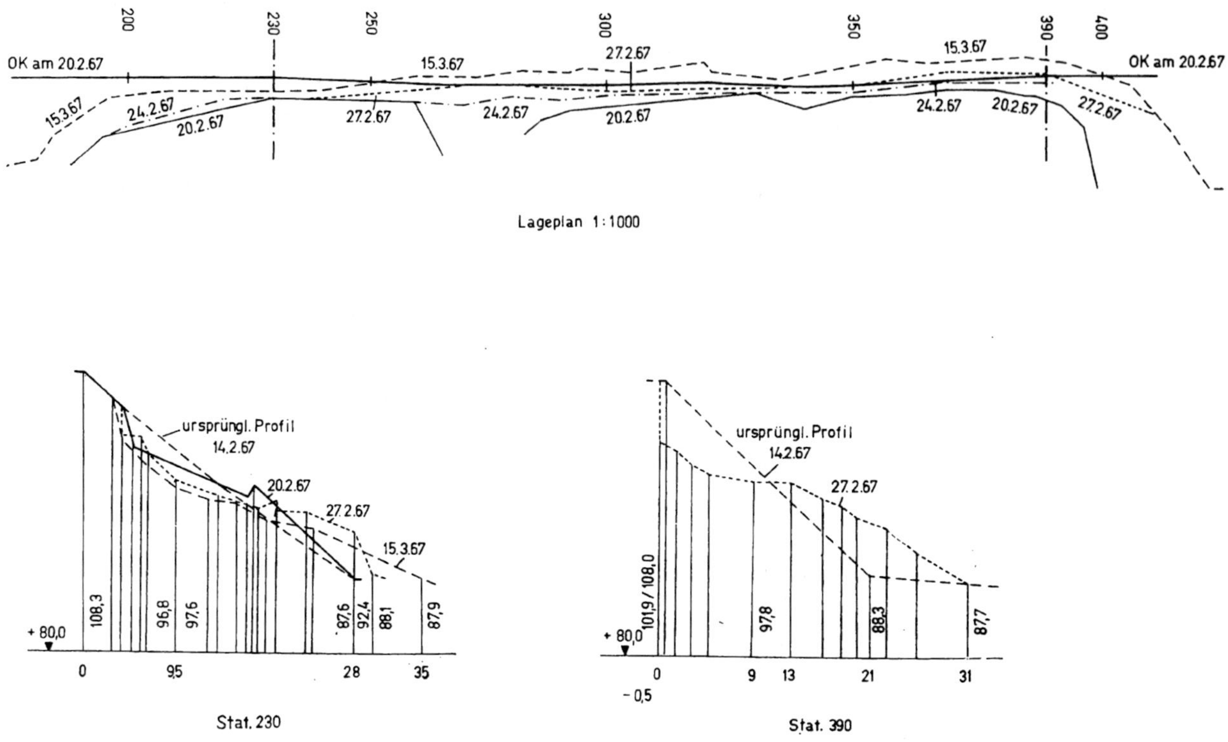

Abb. 4. Rutschungsentwicklung Februar/März 1967

einen weiteren gebänderten Schluffhorizont von 0,2 bis 0,3 m Mächtigkeit enthält.

Der obere feingeschichtete „Braune Schluff" wurde bereits in der ersten Untersuchungsphase als eine Hauptursache der Rutschungen erkannt. Der erwähnte untere Bänderschluff nimmt nur bei geringmächtiger, ungeschichteter Zwischenschluffschicht am Rutschungsvorgang mit teil. Beim Rutschungsvorgang verlaufen zwischen den millimeterdünnen Feinsand- und Schlufflagen die Gleitflächen. Ähnlich wie der von H. Matschak & A. Rietschel (1966) beschriebene Braunkohlenschluff des Lausitzer Unterflözes besitzt der mitteloligozäne Bänderschluff im Hangenden des Böhlener Oberflözes (Flöz IV) eine hohe Rutschungsneigung. Eine zusätzliche Befeuchtung der Gleitfläche durch Restwasser aus dem darüberliegenden feinsandigen Schluff und dem „Grauen Sand" (GWL–2a nach H. Pfeiffer, Böhlen) fördert den Rutschungsvorgang. Besonders an muldenartigen Einsenkungen der mitteloligozänen Schichten wird die rutschungsbegünstigende Wirkung von Restwässern stärker wirksam. Die Böschungsausbrüche im Brückentiefschnitt des Tagebaus Böhlen stellen somit Rutschungen auf vorgegebenen Gleitflächen dar.

Lage des Bänderschluffs

Die Lage des geschichteten Schluffs im geologischen Profil des Brückentiefschnitts ist einer der wichtigsten Faktoren für die Rutschungen. Sie wurde an der Tagebauböschung markscheiderisch eingemessen. Am Verlauf der Oberkante des Schluffs und der darüberlagernden Schichten konnte festgestellt werden, daß die mitteloligozänen Schichten morphologische Übereinstimmung mit dem Verlauf der Oberflözoberkante zeigen. Weitere Untersuchungen ergaben weitestgehende Übereinstimmung zwischen dem bewegten Relief des prätertiären Untergrundes (Leipziger Grauwacke) und der Lagerung der tertiären Schichten.

Über den Aufragungen des prätertiären Untergrundes wölben sich alle tertiären Schichten auf und sind meist in ihrer Mächtigkeit reduziert. Die Aufragungen haben inselartigen Charakter, so daß je nach der Lage des Anschnitts unterschiedliches Einfallen vorhanden ist. Die Einfallwinkel nehmen vom Liegenden zum Hangenden über den Aufragungen ab. Sie betragen in Höhe des Bänderschluffs 2 bis 3°. Je nachdem, ob der Baggerschnitt an der ansteigenden oder abfallenden Flanke der prätertiären Aufragungen steht, fällt die Gleitfläche in Richtung zum offenen Tagebau oder in Verhiebsrichtung ein. Im ersten Fall besteht erhöhte Rutschungsgefahr.

Im Bereich der muldenartigen Einsenkungen des prätertiären Untergrundes sind im allgemeinen alle tertiären Schichten ebenfalls eingemuldet. Am Isohypsenverlauf der Flözober- bzw. -unterkanten läßt sich diese allgemeine Feststellung überprüfen. Das Einfallen der Schichten spielt in den flachen schüsselartigen Mulden nicht die dominierende Rolle wie über den prätertiären Aufragungen. Nur dort, wo der Baggerschnitt an der aufsteigenden „Muldenflanke" steht, können Einfallwinkel von 0,5 bis 1,0° in Richtung zum offenen Tagebau auftreten.

Unabhängig vom prätertiären Relief kann die Lage der Bänderschluffschicht durch lokal mächtige Sandzonen im Zwischenmittel beeinflußt werden. Die geringeren Setzungsbeträge dieser Sande ergaben ebenfalls inselartige Aufwölbungen der darüberlagernden Schichten.

Voraussage der Rutschungen

Die Voraussage rutschungsgefährdeter Gebiete muß nach den bisher dargelegten Ergebnissen das Relief des prätertiären Untergrundes, Sandzonen im Zwischenmittel, den Verlauf der Oberflözoberkante, die Lage der Bänderschluffschicht und die speziellen geohydrologischen Verhältnisse beachten. Markante inselartige Erhebungen der tertiären Schichten und muldenartige, tiefere Einsenkungen zwischen den Erhebungen sind grundsätzlich als stärker rutschungsgefährdete Gebiete auszugliedern und zu untersuchen.

Die Untersuchungen lassen sich durch einen gesetzmäßigen Zusammenhang zwischen der regionalen und lokalen faziellen Ausbildung der marinen mitteloligozänen Schichten und dem prätertiären Relief vereinfachen. Ohne die Gesetzmäßigkeiten an dieser Stelle näher erläutern zu wollen, können sie wie folgt formuliert werden:

Über allen lokalen Erhebungen des prätertiären Untergrundes sind alle tertiären Schichten in ihrer Mächtigkeit reduziert, im vorliegenden Falle vor allem der für die Rutschungen bedeutsame Grundwasserleiter, die „Grauen Sande" (s. Abb. 3). Zwischen der Fazies über den Erhebungen des prätertiären Untergrundes und den dazwischenliegenden Einsenkungen besteht eine Differenzierung hinsichtlich der Mächtigkeit und der Kornverteilung. Die regionale fazielle Ausbildung der marinen mitteloligozänen Schichten wird von der allgemeinen Höhenlage des prätertiären Untergrundes bestimmt und findet ihren Ausdruck in den strandnahen bzw. strandfernen Sedimentbildungen.

Die lokale Faziesdifferenzierung der mitteloligozänen Schichten ist für die Rutschungsvoraussage von großer Bedeutung, weil dadurch über die Häufigkeit der Rutschungen eine Aussage möglich ist. Nach bisherigen Beobachtungen sind Rutschungen über Aufragungen des prätertiären Untergrundes trotz tagebauseitigen Einfallens der Schichten von 1 bis 2° weitaus seltener als Rutschungen über tieferen Schichteinsenkungen. Die größeren Mächtigkeiten des Grundwasserleiters „Graue Sande" und höhere Schichtmächtigkeiten über der Gleitfläche an tieferen Einsenkungen spielen dabei die ausschlaggebende Rolle. Die von K. SCHUBERT (1964) erkannte bedeutende Rolle wasserführender Mulden für die Böschungsausbrüche kann durch die angeführte Faziesdifferenzierung und den Verlauf der Gleitfläche erstmals geologisch einwandfrei erklärt werden. Bei der Rutschungsvoraussage müssen trotzdem markante inselartige Erhebungen der Schichten mit tagebauseitigem Einfallen der Gleitfläche beachtet werden, weil geringe Wassermengen, unter Umständen starke Niederschläge, an solchen Stellen Rutschungen auslösen können. Die größere Häufigkeit und Stärke der Böschungsausbrüche ist allerdings an Stellen tieferer Einsenkung der Gleitfläche zu erwarten. Stabilisierungsmaßnahmen zur Bekämpfung der Rutschungen müssen an diesen Stellen zuerst einsetzen.

Verbreitung des Bänderschluffs

Für einen weiteren Abbau im Baufeld Böhlen soll abschließend die Verbreitung des Bänderschluffs eingeschätzt werden. Grundsätzlich stellt der Bänderschluff eine küstenfernere Bildung der mitteloligozänen Leipziger Meeresbucht dar. Die von R. HOHL (1962 und 1967) beschriebene Verschluffung im Bereich der Leipziger Bucht findet schematisch ihren Ausdruck in der auf Abb. 5 dargestellten Verzahnung zwischen küstenfernen und küstennahen marinen Sedimenten. Sobald

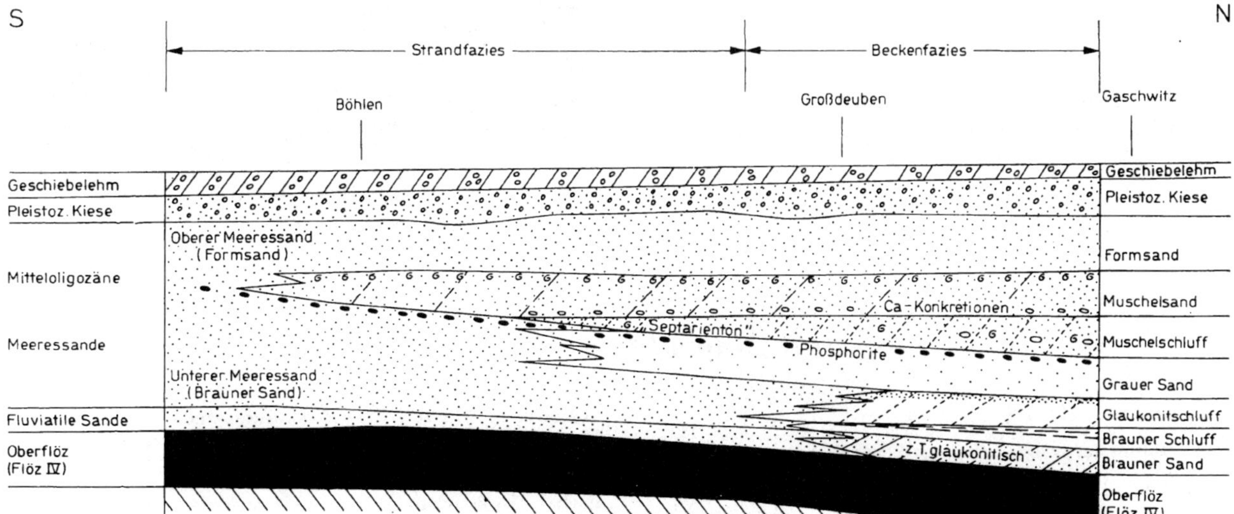

Abb. 5. Faziesschema der mitteloligozänen Schichten im Abbaufeld Böhlen, südlich von Leipzig

der Abbau die küstenfernen Bereiche verläßt und in küstennahe Gebiete mit prätertiärer Hochlage kommt, verschwindet der Bänderschluff und wird von Feinsanden vertreten. Im Gebiet südwestlich von Leipzig, wo die sogenannte Zitzschener Halbinsel (nach G. MEYER 1951) als prätertiäre Hochlage einen Rücken bzw. Küstenstreifen während der mitteloligozänen Transgression bildete, fehlen Schluffe fast vollständig; es überwiegen Fein- bis Grobsande mit guter Wasserdurchlässigkeit. Nur im Raum Zwenkau—Prödel—Bösdorf—Eythra, südlich von Leipzig, ist der Bänderschluff noch typisch ausgebildet. Er ist hier in einer Stillwasserbucht abgelagert worden.

Weitere Untersuchungen über die Verbreitung des Bänderschluffs sowie über den Zusammenhang zwischen dem prätertiären Untergrund und der faziellen Ausbildung der tertiären Schichten werden gegenwärtig vorgenommen.

Zusammenfassung

Die vorliegenden geologischen Untersuchungen knüpfen an die von R. HOHL (1962 und 1967) nachgewiesene Verschluffung der mitteloligozänen Schichten der Leipziger Bucht an. Bedingt durch diese Verschluffung tritt in küstenferneren Bereichen ein Bänderschluff auf, in dem sich unter bestimmten Verhältnissen Gleitflächen ausbilden.

Der Bänderschluff verursachte mehrere Böschungsrutschungen im Brückentiefschnitt des Tagebaus Böhlen, bei denen keine Gerätehavarien auftraten. Die Rutschungen können in den meisten Fällen auf Grund der neuen geologischen Ergebnisse vorausgesagt und in ihren Ausmaßen weitestgehend eingeschätzt werden. Grundlage für die Voraussage bildet der Zusammenhang zwischen dem prätertiären Relief und der Lagerung der tertiären Schichten. Während an inselartigen Erhebungen der tertiären Schichten nur selten Böschungsausbrüche auftreten, kommen an Stellen tieferer Einsenkung häufiger Ausbrüche vor. Als Ursache dafür wird die lokale Faziesdifferenzierung der mitteloligozänen Schichten genannt, durch die an Stellen tieferer Einsenkungen ungünstigere geohydrologische Verhältnisse vorhanden sind, die mit größeren Schichtmächtigkeiten über der rutschungsgefährdeten Bänderschluffschicht zusammenfallen.

Резюме

Данные геологические исследования происходят от доказанного Р. Холом (1962 и 1967 г.г.) укрупнения зернистости среднеолигоценовых слоев в Лейпцигском заливе. В более отдаленных от берега участках с укрупнением размера зерен связано присутствие ленточных алевритов, в которых при определенных условиях могут образоваться плоскости скольжения.

Ленточный алеврит вызвал несколько обвалов откоса в мостовом вырезе открытой разработки Бёлен, при которых аварии не имели место. По новым геологическим данным в большинстве случаев можно предсказать момент обвалов и приблизительно определить их размер. Основой этого предсказания является взаимосвязь между дочетвертичным рельефом и залеганием третичных отложений. В местах островных выступов третичных отложений обвалы откоса наблюдаются редко, в то время когда в местах более глубоких углублений обвалы довольно часты. Причиной этого является локальная фациальная дифференциация среднеолигоценовых отложений, их присутствие в местах более глубоких углублений обуславливает неблагоприятные геогидрологические условия и мощные осадки обваливаются над горизонтом ленточного алеврита, легко подвергавшегося скольжению.

Summary

The present geological studies revert to the conversion into silt demonstrated by R. HOHL (1962 and 1967) for the Middle Oligocene beds of the bay of Leipzig. Conditioned by this conversion a banded silt presents itself in areas situated at a greater distance from the coast, in which sliding surfaces are formed under certain conditions.

The banded silt has caused several slope failures in the bridge deep-cut of Böhlen opencast mine, during which equipment was not damaged. In most cases failures can be predicted in accordance with new geological results, and can widely be estimated in view of their extent. A basis for the prediction is the relationship between pre-Tertiary relief and bedding of Tertiary beds. While in insular elevations of Tertiary beds slope failures only occur rarely, failures occur more often in places of deeper depressions. The local facies differentiation of the Middle Oligocene beds accounts for it, as a result of which there are more unfavourable geohydrogeological conditions in places of deeper depressions which coincide with major bed thicknesses above the banded silt bed exposed to slide risks.

Literatur

EISSMANN, L.: Überblick über die Entwicklung des Tertiärs in der Leipziger Tieflandbucht (Nordwestsachsen). — Sächsische Heimatblätter, H. 1, Dresden 1968.

ENGERT, L.: Das Tertiärprofil von Böhlen. — Ber. geol. Ges. DDR, 139—143 (1958).

HOHL, R.: Geologisches Gutachten über die Ausbildung des Deckgebirges im Bereich des Abbaufeldes Tagebau Böhlen und die Auswirkung auf die Brückenkippe. — Unveröff. Gutachten, Halle 1962.

— Komplexerkundung von Braunkohlenlagerstätten. — Z. angew. Geol., 10, 489—493, Berlin 1964.

HOHL, R., & H. MATSCHAK: Ursachen und Bedeutung des Schluffeinflusses auf die Abbaubedingungen im Großtagebau Böhlen. — Freiberger Forsch.-H., A 407, 67—94 (1967).

JOLAS, P.: Komplexe Untersuchung der Bodenverhältnisse im Tagebau und Baufeld Espenhain. — Unveröff. Dipl.-Arb. Lehrstuhl Bergbau—Wasserwirtschaft u. Bodenmechanik Bergakad. Freiberg 1965.

MATSCHAK, H., & A. RIETSCHEL: Der Braunkohlenschluff des Lausitzer Unterflözes und seine sedimentpetrographischen Besonderheiten. — Z. angew. Geol., 12, 1, 9—18, Berlin 1966.

SCHUBERT, K.: Bodenmechanisches Gutachten Tagebau Böhlen, Jahresscheibe 1965; Brückentiefschnitt. — Unveröff. Gutachten, Cottbus 1964.

Besprechungen und Referate

THIERGÄRTNER, H.

Grundprobleme der statistischen Behandlung geochemischer Daten

Leipzig: VEB Deutscher Verlag für Grundstoffindustrie 1968. „Freiberger Forschungshefte", C 237, 99 S., 28 Abb., 20 Tab., M 18,80

Mit der Entwicklung der Geochemie und der damit in zunehmendem Maße verbundenen Automatisierung der Analysentechnik vollzog sich eine Anhäufung von geochemischen Daten, die eine umfassende mathematisch-statistische Bearbeitung erfordert. Für die rationelle statistische Bearbeitung des Datenmaterials ist jedoch der Einsatz der elektronischen Datenverarbeitungstechnik erforderlich. Es ist das Anliegen des Verfassers, die für die Lösung geochemischer Probleme benötigten statistischen Verfahren und Methoden unter dem Blickwinkel des Einsatzes der elektronischen Datenverarbeitung als System darzulegen. Dadurch erlangt die Arbeit grundlegende Bedeutung für die künftige Entwicklung auf dem genannten Gebiet.

Obwohl eigentlich an den Geochemiker gerichtet, dürften die Darlegungen von H. THIERGÄRTNER auch für breite Geologenkreise, die ähnliche statistische Probleme zu bearbeiten haben, von größtem Interesse sein. Die tabellarisch zusammengestellten wichtigsten Formeln sind besonders für nicht ständig mit statistischen Methoden arbeitende Geowissenschaftler eine wertvolle Hilfe. Eine umfangreiche Literaturübersicht ermöglicht das tiefere Eindringen in spezielle Fragenkomplexe, die in der gedrängten Fassung nur angedeutet werden konnten.

Im ersten Abschnitt geht der Verfasser u. a. kurz auf die Spezifik geochemischer Prozesse und Erscheinungen sowie auf die Möglichkeiten und Grenzen der Anwendung statistischer Verfahren in der Geochemie ein. An Hand eines Modells der komplexen statistischen Behandlung geochemischer Daten werden daran anschließend folgende aufeinander aufbauende und nacheinander auszuführende Arbeitsgänge des geochemischen Datengewinnungs- und Datenerfassungsprozesses einschließlich der Datentransformation abgehandelt:

1. Vorbereitung und Planung der Arbeiten;
2. Probenahme;
3. Probenvorbereitung;
4. Probenanalyse und Fehlerbetrachtung;
5. Darstellung der Primärdaten;
6. Transformation der Primärdaten;
7. Untersuchung der Homogenität der Daten.

Der dritte Abschnitt beschäftigt sich mit der eigentlichen statistischen Auswertung geochemischer Daten. Er wird untergliedert in:

1. Vernachlässigung von Raum- und Zeitabhängigkeiten;
2. Vernachlässigung der Zeitabhängigkeiten bei Berücksichtigung der Beziehung der Daten zum Raum;
3. Vernachlässigung der Raumabhängigkeiten bei Berücksichtigung der Beziehung der Daten zum Zeitfaktor;
4. Berücksichtigung anderer geologischer Faktoren.

Die Arbeit schließt mit einem kurzen Hinweis auf die Einsatzmöglichkeiten für die elektronische Datenverarbeitungstechnik, ohne jedoch auf Einzelheiten einzugehen.

Das Bemühen des Verfassers, abweichend von den bisher erschienenen einschlägigen Lehrbüchern, die Untersuchung geochemischer Probleme in natürliche Arbeitsetappen aufzugliedern, trägt in starkem Maße der gegenwärtigen Entwicklung Rechnung. Wenn auch das dazu entworfene Modell in einigen Details noch einer weiteren Diskussion bedarf, so ist doch eine wertvolle Grundlage insbesondere im Hinblick auf die volle Ausnutzung der elektronischen Datenverarbeitungstechnik gegeben worden.

Es wäre begrüßenswert, wenn die diesbezüglichen Schlüssel und Programmsysteme kurzfristig für die volle praktische Realisierung des Modellvorschlages zur Verfügung ständen.

Infolge seiner grundlegenden Bedeutung kann die Arbeit von H. THIERGÄRTNER nicht nur dem geochemisch tätigen, sondern jedem Geowissenschaftler wärmstens empfohlen werden.

H. KNAPE

Zur Geologie des nordwestdeutschen Steinkohlengebirges
Ein Symposium

Krefeld: Geologisches Landesamt Nordrhein-Westfalen 1966/1967. Fortschr. Geol. Rheinland und Westfalen, Bd. 13, XXVI u. 1444 S., 154 Taf., 254 Abb., 88 Tab.

Wenige Jahre nach dem ersten Symposium über „Das Karbon der subvariszischen Saumsenke" (Fortschr. Geol. Rheinland u. Westfalen, Band 3, 1959/62) wurde dieses dem Andenken OBERSTE-BRINKs gewidmete dreiteilige Sammelwerk vorgelegt und das im Gefolge einer regen Aufschlußtätigkeit angefallene Faktenmaterial in geschlossener Form breiteren Kreisen zugänglich gemacht. Gegenüber dem ersten zeichnet sich dieses Symposium — wie die Herausgeber nachdrücklich betonen — durch die „Abkehr von Synthesen zugunsten einer konsequenten Hinwendung zur retro- und aspektiven Betrachtung" des flözführenden Oberkarbons aus. Der Vervollständigung und Sicherung der paläontologischen, stratigraphischen, petrographischen und tektonischen Grundlagen für künftige synoptische Betrachtungen gilt demgemäß das Hauptaugenmerk. Regionale Schwerpunkte bilden die Steinkohlenreviere an Niederrhein und Ruhr sowie von Aachen. Ein Beitrag über das „intermontane" Permokarbon und Vergleiche mit dem stärker verdeckten Oberkarbon Nordwestdeutschlands und dem der East Midlands erweitern diesen Rahmen.

Die 32 Einzelarbeiten sind sieben Themen zugeordnet:

I. Fauna und Fazies der marinen Horizonte des Ruhrkarbons

Für die „marinen" Schichten des produktiven Karbons der variszischen Saumsenke, die durch ihre außerordentlich konstante und weiträumige Verbreitung große Bedeutung für die Stratigraphie des paralischen Kohlengürtels erlangt haben, fehlten bislang detaillierte flächenhafte Untersuchungen. Diese Lücke wird nunmehr durch die feinstratigraphisch-räumlich-fazielle Bearbeitung der Horizonte über den Flözen Schieferbank und Sarnsbank (BÖGER), Finefrau Nebenbank (DAHM), Katharina (RABITZ; VANGEROW) und Ägir (FIEBIG) teilweise geschlossen. Rückschau und Ausblick auf alle marinen Horizonte des flözführenden Karbons gibt abschließend RABITZ.

II. Zur Morphologie und Systematik einiger Karbonpflanzen

Kurze Beiträge zur Taxonomie (LEGGEWIE) und Morphologie (RABITZ) sowie Untersuchungen zur Sporenführung von Lepidophytenzapfen (HAGEMANN) sind unter diesem Thema vereinigt worden.

III. Pflanzenführung und Stratigraphie

HARTUNG bringt eine zusammenfassende Darstellung und Auswertung aller seit 1925 gewonnenen paläontologischen und stratigraphischen Ergebnisse aus dem Aachener Karbon. Die Flora des jüngeren Karbons (Westfal C bis Stefan) — insbesondere aus Bohrungen der Erdölindustrie — wird von JOSTEN behandelt. Einen sehr bedeutsamen Beitrag zur Grenzziehung Karbon/Perm im limnischen (euramerischen) Faziesgebiet leistet HELBY durch seine sporologischen Arbeiten im Pfälzer Bergland. Die Voraussetzungen und Bedingungen der Sporenfeinstratigraphie werden von GREBE untersucht.

IV. Sporologie und Kohlenpetrographie der Flöze

Durch vergleichende sporologische und petrographische Bearbeitungen von Flözen aus dem Westfal B gelang der Anschluß an das Einheitsprofil und die Ausscheidung verschiedener Faziesbereiche (MITTAPALLI; HAGEMANN; MÖLLER). Einen Überblick über Vorkommen und Eigenschaften fossiler Harze und Wachse gibt H. STACH. Neue Bezeichnungen für die verschiedenen Mazerale des Mikronits werden von STACH & ALPERN vorgeschlagen.

V. Petrographie und Sedimentologie der Nebengesteine

BURGHARDT untersuchte die Tonminerale des Brandschiefers (Carbagillit). BURGER & STADLER weisen zum ersten Mal Diaspor in Kaolin-Kohlentonsteinen nach. Einen biotit-chlorit-führenden „Pseudomorphosen Tonstein" beschreibt STADLER. Vergleichende Diagenesestudien an Sandsteinen und Schiefertonen des Oberkarbons in Nordwestdeutschland und den East Midlands (England) führte ESCH durch. Er schlußfolgert, daß die Porositätsgradienten der Tongesteine und die Diagenesestadien der Sandsteine mit großer Genauigkeit Geschwindigkeit und Zeitpunkt von Strukturbewegungen abbilden, so daß zusammen mit dem Inkohlungsgrad der begleitenden Flöze Paläohochlagen lokalisiert werden können. Fazielle Vertretungen des Finefrau-Sandsteins verfolgte RABITZ im nordöstlichen Ruhrgebiet. Mit Hilfe sedimentologischer Methoden versuchen BRAUCHER & BUNTFUSS die Genese und paläogeographische Position des höheren Westfals von Ibbenbüren zu klären.

VI. Zur Flözgleichstellung im Ruhrkarbon

Neue Ergebnisse der Flözgleichstellung werden von H. BACHMANN für die Bochumer Schichten und von SCHLECHTER für die Horster Schichten mitgeteilt. Durch eine feinstratigraphische Profilaufnahme konnte MICHELAU die

Sprockhöveler Schichten genetisch in Zyklotheme gliedern und ein umfassendes Bild des Wechsels von Land und Meer gewinnen. Eine detaillierte petrographische Charakteristik der Kaolin-Kohlentonsteine des tieferen Westfals wird von M. BACHMANN & ENGELS für das linksrheinische Gebiet, von BURGER für das mittlere Ruhrrevier und von BURGER & RABITZ für das östliche Ruhrrevier vorgelegt.

VII. Zur Tektonik des Steinkohlengebirges

Die Tektonik des flözführenden Karbons im Wurmrevier (Aachener Steinkohlenbezirk) erläutert HERBST anhand einer abgedeckten Karte (1:25000). Ebenfalls auf einer abgedeckten Karte (1:100000) wird die Tektonik des Steinkohlengebirges nördlich des Ruhrreviers von HOYER dargestellt. Charakteristisch ist das Verklingen der Faltung in Richtung auf das Vorland (Verbreiterung und Verflachung der Mulden) bei gleichzeitiger Divergenz der Faltenachsen nach NE.

G. KATZUNG

ADLER, R. E.

Kleintektonische Beobachtungen aus dem Ruhrkarbon

Köln und Opladen: Westdeutscher Verlag 1969. Forsch.-Ber. Nordrhein-Westfalen, Nr. 2008, 53 S., 31 Abb., 1 Tab., DM 24,90

Verf. berichtet über die Ergebnisse kleintektonischer Aufnahmen im Ruhrkarbon. Im Mittelpunkt der Arbeit steht das Problem der Flächenbildung und -ausgestaltung während des Deformationsvorgangs. Das Ruhrkarbon war für derartige Untersuchungen insofern besonders geeignet, als hier zahlreiche Übergänge vom alpinotypen Faltengebirge im S über ein Bruchfaltungsgebiet zu einem typischen Schollengebirge im N durch den Bergbau gut aufgeschlossen vorliegen und dadurch ein eingehendes Studium der für diese tektonischen Bereiche charakteristischen Strukturen sowie deren Beziehungen untereinander möglich ist. Auch gestatten die „Einzeitigkeit" des tektonischen Baus und das in bezug auf die makroskopische Gefügeanalyse weitgehend homogene Material der Kohlenflöze einen von sekundären Effekten nur relativ gering beeinträchtigten Vergleich der einzelnen Erscheinungsformen.

Es werden aus tektonisch unterschiedlich beanspruchten Gebieten (linker Niederrhein, Vestischer Hauptsattel, Emscher Mulde, Essener Mulde) die tektonischen Formungen bei flacher (1° bis 25°), mittelsteiler (26° bis 35°) und steiler Lagerung (> 36°) beschrieben. Die Teilformungsbereiche besitzen jeweils eigene Deformationsbilder. Entscheidende Faktoren sind — unter Berücksichtigung der Druckverhältnisse — Formungsintensität und Formänderungsgeschwindigkeit.

In einem Abbildungsanhang werden die für die Teilformungsbereiche charakteristischen Gefügediagramme wiedergegeben. Besonders hervorzuheben sind erste Schritte zur Anfertigung elektronisch ausgezählter und gezeichneter Diagramme.

D. FRANKE

MALMSHEIMER, W. K.

Zur Sedimentation und Epirogenese im Ruhrkarbon. Die Sandsteine im Liegenden von Flöz Mausegatt (Oberkarbon, Westfal A, untere Wittener Schichten)

Köln und Opladen: Westdeutscher Verlag 1968. Forsch.-Ber. Nordrhein-Westfalen, Nr. 2000, 74 S., 24 Abb., 3 Tab., 13 + 3 Anl., DM 63,45

Im untersten Teil der Unteren Wittener Schichten des Westfals A ist zwischen Flöz Sarnsbank 2 im Liegenden und Flöz Mausegatt im Hangenden ein bis zu 150 m mächtiger Komplex von Tonsteinen, Schluffsteinen und Sandsteinen entwickelt. Das tiefste Glied dieser klastischen Serie und zugleich Basis des Westfals A bilden marine Tonsteine. Höher folgen nichtmarine Ton- und Schluffsteine sowie der in vorliegender Arbeit ausführlich behandelte Sandsteinhorizont unterhalb Flöz Mausegatt. Ausdehnung und Mächtigkeit der einzelnen Schichten sind verschieden. Die Sandsteine lassen sich aus der Gegend von Unna im E bis an den Niederrhein im W sowie von der Herzkämper Mulde nördlich Hagen im S bis in den Raum der Bohrung Münsterland im N verfolgen. Zwischen SW—NE streichenden Schwellen mit geringerer liegen Senken mit größerer Mächtigkeit. Interessant sind die wechselseitigen Beziehungen zwischen den Mächtigkeiten der klastischen Sedimente und dem überlagernden Flöz Mausegatt. In denjenigen Räumen, in denen die Ton-, Schluff- und Sandsteine am mächtigsten werden, dünnt das Kohleflöz so sehr aus, daß die Bauwürdigkeitsgrenze lokal unterschritten wird. Umgekehrt ist letzteres dort am stärksten, wo die Sedimente nur geringe Mächtigkeiten aufweisen. Mehrere Verbreitungs- und Mächtigkeitskarten vermitteln einen guten Überblick über die regional variierenden Verhältnisse.

Eingehend werden die Lithologie und Paläogeographie der Sandsteine beschrieben. Der gesamte Komplex baut sich aus drei Zyklen mit einer unterschiedlichen Anzahl von Rhythmen auf. Vorherrschende sedimentäre Gefüge sind bogige und diagonale Schrägschichtungen. Die Korrelierung der verschiedenen Profile bereitet — soweit sie vollständig sind — im allgemeinen keine Schwierigkeiten. Die Schüttungsabschnitte und Strömungsrichtungen in den Sandsteinen wurden kartenmäßig dargestellt. Als Bildungsraum nimmt Verf. auf Grund der geringen Mächtigkeit der Sandsteinrhythmen, des raschen Korngrößenwechsels sowie der schlechten Abrundung der Quarze und anderer Kriterien den fluviatilen Bereich (höchsten Teil einer Deltaplattform oder Flußunterlauf in einem Ästuar) an.

D. FRANKE

HEPPLE, P. (Herausg.)

Natural Gas

Amsterdam—London—New York: Elsevier Publishing Company 1966. 112 S., zahlr. Abb., Tab. und Diagramme

In diesem Buch kommen Vorträge und Diskussionen zum Abdruck, die auf einem Symposium des Institute of Petroleum's Exploration and Production Group gehalten worden sind. E. H. RAINWATER legt eingangs Grundzüge für die Suche und Erkundung von Erdgas dar. Er führt als Beispiele ausnahmslos Lagerstätten aus Nordamerika an.

J. W. WATSON beschäftigt sich anschließend mit der Einschätzung von Erdgasvorräten. Er entwickelt kurz die Volumenmethode und die Druckabfallmethode. Die Vorräte untergliedert er in nachgewiesene und nicht nachgewiesene, die letzteren wieder in wahrscheinliche und mögliche.

Abschließend besprechen A. E. C. VIZARD Transportprobleme, H. COATS technische Fragen im Zusammenhang mit der Untergrundspeicherung und G. M. LAUTERBACH ökonomische Gesichtspunkte bei der Anlage von Untergrundspeichern.

Das kleine Buch kann natürlich nur einige wichtige Grundzüge der genannten Probleme aufzeigen. Der Text ist durch gute Darstellungen, statistische Angaben und Tabellen aufgelockert und bietet einen knappen Überblick über den Gesamtkomplex der Erkundung, der Berechnung, des Transports und der Lagerung von Erdgas.

K. KAUTER

DREYER, W. (Herausg. Prof. Dr. Ing. H. BORCHERT)

Die Festigkeitseigenschaften natürlicher Gesteine, insbesondere der Salz- und Karbonatgesteine

Berlin-Nikolassee: Verlag Gebrüder Borntraeger 1967. „Clausthaler Hefte zur Lagerstättenkunde und Geochemie der mineralischen Rohstoffe", Heft 5, 247 S., 61 Abb., 65 Tab.

Das vorliegende Werk ist das Ergebnis langjähriger systematischer Untersuchungen des Autors und gibt einen ausführlichen und ausgezeichneten Überblick über die Vielzahl der „Materialprüfungen" an Salz- und Karbonatgesteinen. Auszugsweise wurden die Untersuchungsergebnisse bereits früher in Fachzeitschriften veröffentlicht.

Über die eigentliche Materialprüfung hinaus betrachtet der Autor die mechanischen Gesteinsparameter in Verbindung mit der mineralischen Zusammensetzung und mit dem Gefüge der untersuchten Gesteine. Durch die Beachtung dieser Wechselbeziehung erhalten die im vorliegenden Werk zusammenfassend wiedergegebenen Ergebnisse und Erkenntnisse besonderen Wert. Diese komplexe Betrachtungsweise macht das Werk deshalb für einen breiten Leserkreis interessant. Geowissenschaftler, Geomechaniker, Materialprüfer und andere anwendende Disziplinen (z. B. Bergingenieure im Salzbergbau) werden aus den vorgelegten Untersuchungsergebnissen Nutzen ziehen.

Durch seine Gründlichkeit und Ausführlichkeit gibt der Autor mit der vorliegenden Habilitationsschrift gleichsam ein Nachschlagewerk für das behandelte Gebiet. Betrachtet man die Untersuchungsergebnisse vom praktischen Standpunkt, so sind die Ausführungen über die Zusammenhänge zwischen Gestein und Gebirgsverband hervorzuheben.

In der Vergangenheit dominierten die folgenden beiden Betrachtungsweisen als mehr oder weniger selbständige Richtungen:

a) Deutung der Festigkeits- und Verformungseigenschaften idealer und realer Körper aus dem Kristallgitterbau und den Bindungskräften zwischen den atomaren oder molekularen Teilchen;

b) Deutung der mechanischen Eigenschaften der Gesteine von der phänomenologischen Seite her, meistens ohne Berücksichtigung des Feingefüges, des Mineralaufbaus, der Kornformen und der Kornbindungsarten.

Diese oft anzutreffende isolierte Betrachtungsweise führte zu verschiedenen Schwierigkeiten; z. B. fehlten eine zahlenmäßige Verknüpfung der Gesteinsfestigkeit (Kornverbandsfestigkeit) mit den Gefügeeigenschaften der Gesteine sowie die quantitative Erfassung der Gesteinsverfestigung bei Verformungsprozessen. Es ist das Verdienst des Autors, diese einseitige Behandlung des Problems überwunden zu haben und an Beispielen komplexe Lösungen vorzulegen.

Das Buch ist in zwei Teile untergliedert:

Teil A: Grundlagenuntersuchungen auf dem Gebiet der Gesteinsmechanik,

Teil B: Meßtechnische Erfassung des Gebirgsverhaltens.

Im einzelnen werden z. B. behandelt:

Korrelation zwischen Druckfestigkeit, Mineralzusammensetzung und Gefügeparametern (Mineral- und Gefügebewertungsgrad);
Abhängigkeit der Druckfestigkeit von der Probengröße;
Verformung, Verfestigung und Kristallplastizität;
Ermittlung absoluter Spannungswerte unter natürlichen Beanspruchungsbedingungen;
Versuche an Modellen aus natürlichem Gesteinsmaterial zur Bestimmung der Tragfähigkeit;
Fließen bei Dauerbelastung;
Konvergenz und Standdauer von Bohrungen im elastoplastischen Gebirge;
Triaxialversuche bei unterschiedlichen Temperaturen.

Das Buch ist übersichtlich und anschaulich aufgebaut; für den an Berechnungen und theoretischen Abhandlungen zu bestimmten Fragenkomplexen stärker interessierten Leser sind in einem Anhang detaillierte Angaben gemacht.

Das vorliegende Werk ist nach Meinung des Rezensenten als ein Meilenstein zu betrachten, den W. Dreyer nach langjähriger zielstrebiger Arbeit auf dem Wege zu einer vollkommenen Erfassung und Deutung des mechanischen Verhaltens insbesondere der Salzgesteine und des Salzgebirges gesetzt hat. H. Pforr

Vollmer, E.

Encyclopaedia of Hydraulics Soil and Foundation Engineering

Amsterdam—London—New York: Elsevier Publishing Company 1967. 398 S., 16 Tab., 48 Abb.

Beim Studium englischsprachiger Literatur zwingen zeitweilig Spezialausdrücke den Leser, sich mit Hilfe anderer Veröffentlichungen Klarheit über die Definition zu verschaffen; denn selbst Spezialwörterbücher können diese klare Abgrenzung nicht vermitteln, zumal viele Autoren aus stilistischen Gründen mehrere Ausdrücke für den gleichen Begriff verwenden. In noch größerem Maße ist man auf eindeutige Definitionen angewiesen, wenn man in englischer Sprache publizieren will. So wird diese Enzyklopädie für jeden eine wertvolle Hilfe sein, der in der Ingenieurpraxis, in der Forschung, an den Hochschulen oder im Dokumentationswesen auf den Gebieten des Wasserbaus, der Bodenmechanik oder des Grundbaus tätig ist. Durch die Zusammenarbeit mit bedeutenden Gesellschaften, wie z. B. der American Society of Civil Engineers, konnte der Autor neben dem eigenen sorgfältigen Studium ausländischer Literatur weitgehend erreichen, daß die angegebenen 4500 Begriffe so erläutert bzw. definiert sind, wie sie gewöhnlich in der englischen Sprache verwendet bzw. von den entsprechenden Fachverbänden empfohlen werden.

Aus den drei Hauptgebieten seien nur einzelne Teilgebiete genannt, die Berücksichtigung fanden. — Wasserbau: Hydromechanik, Fluß-, See- und Hafenbau, Wehre und Dämme, Wasserversorgung und Abwasserwesen, Bewässerung und Dränierung, Hydrobiologie sowie Wasserrecht. — Bodenmechanik: Bodenarten, Erdbaustoffe, Massenberechnung und -ausgleich, Bodengewinnung und -transport, Schüttungen, Bodenverdichtung und Stabilisierung sowie Böschungssicherung. — Grundbau: Bodenuntersuchung, Verhalten unter Lasten, Beziehung zwischen Bauwerk und Baugrund, Tragfähigkeitsnachweis, Baugrubenaushub, Gründungsverfahren sowie Bauwerksabdichtung.

Durch 48 Skizzen wird die Erläuterung komplizierterer Definitionen unterstützt; 16 Tab. stellen Zahlenwerte für verschiedene Begriffe unmittelbar bereit. Im Anhang finden sich 1450 Umrechnungsfaktoren für britische und amerikanische Maßeinheiten. Ferner sind die im Wasserbau, Grundbau und in der Bodenmechanik verwendeten Formelzeichen sowie Empfehlungen über Abkürzungen beigefügt.

Mit diesem Buch hat der Autor einen wesentlichen Beitrag zur Standardisierung von Definitionen und zur Verbesserung des Austauschs wissenschaftlicher Erkenntnisse zwischen den Völkern geleistet. G. Schwokowski

Vita-Finzi, C.

The Mediterranean Valleys — Geological changes in historical times

Cambridge: University Press 1969. 140 S., 43 Fig., 2 Tab., 43 Foto-Abb., £ 4.—, in USA $ 13.—

Der Autor Claudio Vita-Finzi, Dozent am Geographischen Institut der Universität London, kann sich in seinen Darlegungen auf Beobachtungen während langer, ausgedehnter Reisen durch das gesamte Mittelmeergebiet stützen. Bei der Entscheidung der Frage, ob sich das im Altertum herrschende Klima wesentlich vom heutigen unterschied, wurde stets die Meinung vertreten, daß sich die früheren Landformen im wesentlichen unverändert bis auf den heutigen Tag erhalten haben. Mit archäologischen Arbeitsmethoden und mit Hilfe radiokarboner Altersbestimmungen versucht nun Verf., die geologischen Veränderungen nachzuweisen, die in Tälern des Mittelmeerraums vor sich gegangen sind. An Untersuchungen aus zahlreichen Tälern läßt sich eindeutig erkennen, daß nach der römischen Zeit eine Phase holozäner Sedimentation einsetzte, die in vielen Gebieten die Voraussetzungen für die jetzige landwirtschaftliche Nutzung bildet. Demnach erscheint es auch nicht vertretbar, die Landwirtschaft des Alten Roms von den gegenwärtig herrschenden physikalischen Bedingungen aus einzuschätzen.

Der Stoff gliedert sich nach kurzer Einleitung in zwei Hauptteile, wobei im 1. Teil (S. 7 bis 88) an Beobachtungen aus neun Gebieten Zeugnisse für geologische Veränderungen geschildert werden. Die Änderungen in Flußtälern erwiesen sich wegen der Konzentrierung von Anbauflächen, Wasser, Siedlungen und Wegen als besonders aussagekräftig. Deshalb ließen sich Artefakte auch vorzüglich zur Datierung alluvialer Ablagerungen und früherer Erosionsoberflächen verwenden. Der 2. Teil (S. 91 bis 121) ist allgemeinen Betrachtungen gewidmet. Bei der kritischen Diskussion der Faktoren, die zu den Veränderungen beigetragen haben können, wird versucht, den Einfluß des Menschen auf den Ablauf von Erosion und Sedimentation herauszustellen. Der Schrifttumsnachweis (S. 122 bis 132) mit 324 Titeln und ein eingehendes Inhaltsverzeichnis mit Orts- und Autorennachweisen bilden den Abschluß des Buches.

In der Küstenkette Gefara und der Hügelkette Gebel, die beide von zahlreichen Wadis und einigen Flüssen durchzogen werden, finden sich in Nordtripolitanien Dammbauten als letzte Spuren früherer Landwirtschaft. Aus ihrer Lage zum heutigen Erosionsniveau lassen sich geologische Veränderungen der Täler erkennen.

Die in miozänen Kalkstein eingeschnittenen Wadis wurden während der letzten Vereisung mit fluviatil umgelagertem äolischem Material angefüllt, das im Wadi Gan bis 50 m mächtig wird. Aus mittelpaläolithischen Werkzeugen des Aterian läßt sich diese ältere Talfüllung ungefähr datieren. Bis einige Meter starke Kalkkrusten ziehen sich von den Berghängen in die Talfüllungen, ihre Anschnitte bilden im Längsprofil scharfe Stufen. Im Postneolithikum und in vorrömischer Zeit schnitten sich die Wadis bis auf die oberste Hauptkruste ein und zerstückelten sie. Im Mittelalter wurde eine jüngere Talfüllung aufgeschüttet, gegenwärtig erodieren die Wadis beide Talfüllungen.

Ähnliche Befunde werden aus der Cyrenaika und Tunesien beschrieben. Auch in Algerien sind vielerorts zwei alluviale Terrassensysteme ausgebildet. In Marokko bilden die Ablagerungen des Rharb die 2 bis 4 m mächtige Niederterrasse, die mit der postglazialen flandrischen Transgression parallelisiert werden konnte. Rezente Sedimente ostspanischer Flüsse werden zeitlich dem Rharb gleichgesetzt. Besonders gut sind die Veränderungen an italienischen Flußtälern bekannt. Terrassenreste zeugen von Wiedereinschneiden und Stromverlagerungen, bis zum 12. Jh. schiffbare Flüsse sind heute völlig versandet.

In einen älteren Schuttfächer der Küstenebene des Peloponnes ist ein Tal eingeschnitten, in dem in historischer Zeit ein jüngerer Schuttfächer ausgebreitet wurde. Im Jordantal sind, wie z. B. im Wadi Hasa, bis zu vier Terrassensysteme ineinandergeschachtelt.

So charakterisiert sich die postglaziale Entwicklung der mediterranen Täler als Auffüllung vorhandener Täler und als das Wiedereinschneiden eines wohldefinierten Abflußbetts in einen breiten, sanften Talboden. Trotz unterschiedlicher Körnung ihrer Materialien erweisen sich die älteren Talfüllungen als Produkte einer einheitlichen Phase, die vor ca. 10000 Jahren abgeschlossen wurde. Sie wird mit eustatischen Bewegungen in Beziehung gebracht. Die jüngere Talfüllung, die örtlich Bauwerke der Antike bedeckt, wurde im Laufe des Mittelalters sedimentiert; sie steht jetzt in Erosion als Folge von tektonischen Bewegungen und Klimaänderungen. Im Endergebnis ist unter den gegenwärtigen Klimabedingungen eine weitflächige Bodenerosion das unvermeidliche Schicksal der Mittelmeerlandschaft.

Das Buch gibt trotz der Fülle verarbeiteter Einzelfakten eine geschlossene Darstellung über die geologischen Veränderungen in den Talsystemen der Mittelmeerländer. Dem Verf. ist es vorzüglich gelungen, geographische, geologische und archäologische Aussagen auszuwerten und ihre Ergebnisse harmonisch zu vereinigen. Der mit reichen Literaturhinweisen ausgestattete Text wird durch übersichtliche Skizzen und gutausgewähltes Bildmaterial wirkungsvoll unterstützt. Das auch drucktechnisch gutausgestattete Buch wird Quartärgeologen, Geographen und in gewissem Umfang auch Archäologen reiche Anregungen bieten können.

K. Dette

Adler, R. E., F. Krückeberg, W. Pfisterer, A. Pilger & M. W. Schmidt

Elektronische Datenverarbeitung in der Tektonik

Clausthal-Zellerfeld: Verlag Ellen Pilger 1968. „Clausthaler Tektonische Hefte", Nr. 8, 157 S., 39 Abb., 23 Taf., 24 Tab., DM 22,50

Die im Titel genannten Autoren beschäftigen sich in der Nr. 8 der „Clausthaler Tektonischen Hefte" mit der Anwendung der elektronischen Datenverarbeitungstechnik bei der statistischen Bearbeitung von tektonischen und gefügekundlichen Daten. Nach einem Vorwort von A. Pilger folgen in sich abgeschlossene Beiträge zur Thematik von Krückeberg über „Eine Programmiersprache für gefügekundliche Arbeiten", von Adler, Pfisterer und Schmidt über „Auswertung tektonischer Meßdaten mit Hilfe des von F. Krückeberg (Bonn) entwickelten, steuerbaren und segmentierten Fortran-Rechenprogramms", von Adler über „Tektonische Kartierung mit statistischer gefügetektonischer Datenerfassung", von Adler über „Lochkarten, ein Hilfsmittel der modernen Technik" und von Pilger über „Schlußbetrachtung und Ausblick auf die weitere Forschung in der Tektonik mit Hilfe elektronischer Rechenanlagen".

Das vorliegende Heft berücksichtigt den gesamten Arbeitsprozeß der Bearbeitung tektonisch-gefügekundlicher Daten von der Geländeaufnahme bis zur geologischen Interpretation im Hinblick auf den Einsatz von elektronischen Rechenautomaten, wobei die herkömmlichen Auswerteverfahren zugrunde gelegt werden. Adler geht auf die Problematik der Datengewinnung im Gelände ein und veröffentlicht einen Lochkartenschlüssel, nach dem die Daten auf 80spaltige Maschinenlochkarten übernommen werden. Nach einem von Krückeberg entwickelten steuerbaren und segmentierten Fortran-Rechenprogramm können die Programme mit Hilfe einer speziellen Programmiersprache von Geologen selbst leicht entsprechend seinen Anforderungen geschrieben werden. Die Ergebnisse werden über einen Schnelldrucker oder einen Plotter (z. B. graphische Darstellung von Gefügediagrammen) erhalten. Die vielfältigen Anwendungsmöglichkeiten werden an einer Anzahl von praktischen Beispielen demonstriert. In einer Schlußbetrachtung wird von Pilger ein Ausblick auf weitere Forschungsarbeiten gegeben.

Insgesamt gesehen wird der Einsatz von elektronischen Datenverarbeitungsanlagen von den Verfassern als ein wesentlicher Schritt zur Verbessserung der statistischen Auswertung von Kluft- und Gefügedaten eingeschätzt. Die übersichtliche und auch für den ungeschulten Geologen leicht verständliche Darstellungsform dürfte mit dazu beitragen, einen größeren Interessentenkreis zur eigenen Betätigung anzuregen und anzuleiten.

H. Knape

Autorenkollektiv

Der Weg zur Rekordteufe

Wissenschaftliches Allunions-Forschungsinstitut für Organisation, Leitung und Ökonomie der Erdöl-Erdgas-Industrie (WNIIOENG), Moskau 1967, 100 S., 12 Abb., 16 Tab., Geheftet Rbl. 0,47

In vier inhaltlich abgeschlossenen Aufsätzen wird die Niederbringung von vier bemerkenswerten sowjetischen Tiefbohrungen beschrieben: Anastasiewskaja 370 (5306 m), Temirgojewskaja 4 (5277 m), Lewinskaja 40 (5002 m) und Medwedowskaja 2 (6320 m).

K. Lehnert

Neuerscheinungen und Literaturhinweise

Belousow, W. W.

Structural Geology

Mir Publishers, Moscow 1968. — 176 S., 124 Abb.

Botschewer, F. M.

Theorie und praktische Methoden der hydrogeologischen Berechnung industrieller Grundwasservorräte

Isdat. Nedra, Moskau 1968. — 324 S., 98 Abb., 41 Tab.

Charlesworth, J.

The geology of Ireland

Oliver & Boyd, Edinburgh—London 1966. — 276 S., 99 Abb., 21 Taf.

Dubinskij, A. J., & J. I. Sytin

Die Methodik der regionalen geologisch-geophysikalischen Untersuchung der Flachlandgebiete der UdSSR

Isdat. Nedra, Leningrad 1968. — 150 S., 3 Abb., 5 Tab.

Golubinzew, O. N.

Mechanische und abrasive Eigenschaften der Gesteine und ihre Bohrbarkeit

Isdat. Nedra, Moskau 1968. — 197 S., 44 Abb., 16 Tab.

Michajlowa, N. A.

Die Paläogeographie des mittleren und oberen Devons der Gebiete Kirow und Perm und der Udmurtischen ASSR

Isdat. Nauka, Moskau 1968. — 109 S., 24 Abb.

Informationen

Das neue Bergrecht der DDR

Am 12. Mai 1969 beschloß die Volkskammer der DDR das Berggesetz der DDR. Damit wurde ein weiterer Schritt zu einem einheitlichen sozialistischen Rechtssystem getan, bei dem es darauf ankommt, das ökonomische System des Sozialismus auf dem Gebiet des Bergbaus durchzusetzen. Es wurde in der Berggesetzgebung unserer Republik, besonders im Hinblick auf die Verbesserung der Arbeits- und Lebensbedingungen im Zusammenhang mit der bergbaulichen Tätigkeit, eine völlig neue Qualität erreicht.

Bei der Durchsetzung des Berggesetzes handelt es sich nicht um die Regelung einzelner Probleme, sondern um eine komplexe Führungsaufgabe. Das Gesetz umschließt folgende Problemkreise:

1. geologische, hydrogeologische, geophysikalische und geochemische Untersuchungen, die der Erforschung des Aufbaus der Erdkruste, der Erkundung von Lagerstätten oder der Erkundung von Gesteinen zum Zweck der unterirdischen behälterlosen Speicherung von Gasen oder Flüssigkeiten dienen;

2. Aufschluß von Lagerstätten, Abbau und Förderung mineralischer Rohstoffe;

3. unterirdische behälterlose Speicherung von Gasen oder Flüssigkeiten natürlichen oder künstlichen Ursprungs;

4. Arbeiten, die nach Beendigung der Untersuchungs- und Gewinnungsarbeiten sowie der unterirdischen Speicherung erforderlich sind zur Wiedernutzbarmachung von Bodenflächen oder zur Sicherung und Verwahrung stillgelegter bergbaulicher Anlagen.

Die Standortgebundenheit des Bergbaus an die Lagerstätten mineralischer Rohstoffe führt zu einer Konzentration bergbaulicher Maßnahmen in bestimmten Gebieten. Die spezifische Eigenart dieses Industriezweigs stellt hohe Anforderungen an die betroffenen Territorien und beeinflußt die Entwicklung anderer volkswirtschaftlicher Bereiche und das Leben der dort ansässigen Bürger. Es kommt also darauf an, den Bergbau in die gesamtgesellschaftliche Entwicklung einzuordnen.

Aus Ungarns Erdölwirtschaft

Die Ungarische VR stellt ihre Industrie immer mehr auf Erdöl und Erdgas um. Im SW des Landes liegt das bekannte alte Erdölfeld von Nagylengyel. Seine Produktion geht allmählich zurück. Statt dessen aber tritt die Produktion der neuen Lagerstätte von Algyö immer mehr in den Vordergrund. Dieses Feld liegt im E des Landes bei Szeged. 1970 erwartet man von dort eine Produktion von 1 Mill. t. Damit könnte Ungarn dann eine Gesamtproduktion von 2 Mill. t erreichen.

Nach PPS (1969/3) hat das Öl von Algyö eine API-Wichte von 38°, das von Nagylengyel 14°. Ersteres ist paraffinhaltig und fast schwefelfrei, letzteres enthält viel Schwefel und Bitumen.

Die bisher nachgewiesenen Erdgasvorräte des Landes belaufen sich auf 112 Mrd. m³. In diesem Jahre soll die Förderung mehr als 3 Mrd. m³ Erdgas erreichen, 1975 etwa 5,5 Mrd. m³. Die größte Lagerstätte liegt im E Ungarns, insbesondere bei Debrecen, im Komitat Bekes, und im Erdölfeld von Algyö.

Die ungarische Produktion entwickelte sich folgendermaßen:

	Rohöl in 1000 t	Erdgas in Mill. m³
1960	1217	342
1964	1801	784
1965	1803	1108
1966	1706	1552
1967	1686	2044
1968	1807	2691

Der steigende Bedarf des Landes an Erdölderivaten kann aus eigenen Lagerstätten nicht gedeckt werden. Deshalb nehmen Erdöl- und Erdgaslieferungen aus anderen Ländern, besonders aus der Sowjetunion, eine beherrschende Position ein. 1970 bis 1975 soll parallel zur südlichen Zweigleitung „Druschba I" mit 40 cm Durchmesser eine zweite Leitung gebaut werden mit 56 cm Durchmesser. Für 1969 ist eine Gesamteinfuhr von 3,6 Mill. t Erdöl geplant.

Das eigene Erdgasnetz hat eine Länge von 1440 km. Zusätzlich soll die sowjetische Pipeline in die ČSSR bis in die Ungarische VR verlängert werden. Man rechnet 1975 mit einem Import von 1 Mrd. m³ auf diesem Wege, so daß dem Lande insgesamt etwa 6,5 Mrd. m³ zur Verfügung stehen dürften.

Vorausschätzung der westdeutschen Erdölförderung

„Erdöl und Kohle" (22, April 1969) veröffentlicht eine kleine Tabelle, in der eine Vorausschätzung der westdeutschen Erdölproduktion bis zum Jahre 1973 dargestellt wird. Danach fällt die Gesamtförderung von 1968 = 7982136 t, nach einem kurzen Anstieg 1969 auf 8025550 t, bis 1973 auf 6032680 t ab. Dabei sind für die Jahre 1969, 1970 und 1971 Zuwachsförderungen pro Jahr mit 100000 t und für die Jahre 1972 und 1973 pro Jahr von je 200000 t einbezogen.

Erfolg des Unternehmens „Gasbuggy"

Vor einem Jahr wurde in Neumexiko — wir berichteten darüber — die erste Atombombe unterirdisch gezündet, deren Explosion zur Erhöhung des Entgasungsfaktors beitragen sollte. Heute liegen einige Angaben über den Erfolg dieses Unternehmens „Gasbuggy" vor. Danach wird bestätigt, daß die Atombombe in knapp 1300 m Teufe gezündet wurde. Die Sonde, die bis dahin 850 m³ Erdgas täglich lieferte, bringt heute 34000 m³ pro Tag. Die Radioaktivität des Gases ist von 34 Mikrocurie pro m³ unmittelbar nach der Explosion im Laufe eines Monats auf 6 Mikrocurie abgesunken und beträgt heute nur noch 3 Mikrocurie. Das radioaktive Gas wird, um es für den Verbrauch geeignet zu machen, mit „sauberem" Erdgas vermischt.

Derzeit untersucht die amerikanische Atomenergiekommission, welche Radioaktivität für den Haus- und Industriegebrauch zulässig ist.

Der britische Kohlenbergbau 1968

Nach „Glück auf" (Bd. 105, Nr. 8) ist der britische Kohlenbergbau im vergangenen Jahr um 8,2 Mill. t auf insgesamt 166,6 Mill. t zurückgegangen. Davon wurden 159,7 Mill. t im Tiefbau, 6,9 Mill. t im Tagebau gefördert. An der Gesamtproduktion waren 375 Zechen beteiligt. Das sind 63 weniger als 1967. Die Schichtleistung betrug 6055 kg/MS. Sie lag um 279 kg/MS höher als im Vorjahr. Gleichzeitig fielen die Förderkosten um 1,19 DM pro t.

Im Vergleich mit anderen westeuropäischen Ländern rangiert Großbritannien hinsichtlich der Produktivität an zweiter Stelle hinter Westdeutschland. Als Ursache hierfür wird die verhältnismäßig große Anzahl von Kleinzechen angesprochen. Auch geologische Gründe können hierfür angeführt werden.

Lignitkohlenlagerstätte im Rovinari-Becken

In dem Rovinari-Becken, im westlichen Oltenien (SR Rumänien), ist in der letzten Zeit ein Lignitkohlenbecken erkundet und für den Abbau vorbereitet worden. Das Becken bildete sich gegen Ende der Oberkreidezeit, wurde aufgefüllt mit Sedimenten der dakischen und levantinischen Stufe des Pliozäns, die in diesem Raum zur Ablagerung kamen. Die Schichten führen 17 bis 19 schwefelführende Lignitflöze, mit Mächtigkeiten zwischen 0,2 bis 10,0 m. Die Gesamtfeuchtigkeit der Kohlen beträgt 29,69%, der Aschengehalt 24,49%. Der obere Heizwert liegt bei 2800 kcal/kg. Bis zum gegenwärtigen Stand der Untersuchungen konnten Vorräte von 870 Mill. t Kohle nachgewiesen werden. Die Lagerstätte soll im Tagebau abgeteuft werden.

Die Eisenerze des Mokra-Gora-Beckens

Die Eisenerze des Mokra-Gora-Beckens in der SFR Jugoslawien sind über eine Fläche von 70 km² hin festgestellt worden. Die Lagerstätte hat eine streichende Länge von 32 km. Es handelt sich um oolithische Eisenerze, deren Auftreten an das Paläorelief des bekannten Zlatibor-Serpentinit-Massivs gebunden ist. Der Erzhorizont kann maximal 20 m mächtig werden. Der Metallgehalt des Erzes beträgt im Durchschnitt 21,2% Fe und 0,7% Ni. Die Vorräte sind unregelmäßig verteilt. Allerdings bestehen bezüglich der Aufbereitung große Schwierigkeiten, weil vom Fe-Gehalt 30% aus Fe-Silikaten — Chloriten und Chamositen — bestehen, 70% aus Oxiden und Hydroxiden — Hämatit, Limonit, Goethit und Magnetit. Das Nickel kommt als Millerit und Bravoit in Sulfiden des karbonatischen Zements von Konglomeraten und Sandsteinen vor.

Die Eisenerze von Mariupol

Die leicht aufbereitbaren eisenhaltigen Quarzite der Eisenerzlagerstätte von Mariupol liegen rund 25 km westlich der Stadt Shdanow in der Ukraine. Es handelt sich um metamorphe Gesteine. Magnetitische und pyroxen-magnetitische Quarzite stellen den steil einfallenden Erzkörper dar. Seine Mächtigkeit beträgt 100 bis 150 m, die Tiefenlage 10 bis 80 m. Der Eisengehalt beläuft sich auf 28,6%. Durch eine Aufbereitung nach Art der magnetischen Naßscheidung können Konzentrate mit 67 bis 69% Eisen erhalten werden. Die gesamten prognostischen Erzvorräte werden auf 800 Mill. t geschätzt.

Weltproduktion Titan

Die Produktion von Titan wird wegen der vielseitigen Verwendungsmöglichkeiten von hochwertigem Weißpigment immer interessanter. Die gegenwärtige Weltproduktion von Titandioxid verteilt sich geographisch etwa wie folgt:

Westeuropa	33%, davon EWG 18%
Nordamerika	49%, davon USA 45%
Japan	6%
Sonstige	12%

Aus Österreichs Bergbauproduktion

Mengenmäßig standen in der österreichischen Bergbauproduktion des Jahres 1968 folgende Rohstoffe an hervorragender Stelle:

	1968	(Vergleich zu 1967)
Kohle	4176733 t	− 441121 t
Eisenerz	3482100 t	+ 44800 t
Erdöl	2724347 t	+ 30437 t
Magnesit	1546682 t	+ 11373 t
Dazu:		
Salzsole	1477512 m³	+ 10729 m³
Erdgas	1630134 Nm³	− 167088 Nm³

Feldspat-Rohstoffe in Polen

Die Förderung von Feldspatrohstoffen in Polen beruht auf Lagerstätten von leukokraten Graniten in Dolny Śląsk (Lagerstätte Schtschebduv) und im Iservorgebirge der Karpaten. Die für den Abbau vorgesehenen Abschnitte der Lagerstätte Schtschebduv nehmen eine Fläche von 60000 m² ein und sind 16 bis 30 m mächtig. Der Feldspatrohstoff enthält (in %): SiO_2 70,26 bis 76,32; Al_2O_3 14,27 bis 17,00; $Fe_2O_3 + TiO_2$ 0,21 bis 0,62; CaO + MgO 0,72 bis 2,38; $Na_2O + K_2O$ 7,74 bis 9,11; p. p. p. 0,54 bis 1,48; $K_2O:Na_2O$ = 0,61 bis 1,01.

Im Góry Izerskie (Isergebirge) durchbrechen die leukokraten Granite die phyllitische Serie des Iser-Kristallins; sie bilden 13 Lagerstätten, von denen acht industrielle eine Fläche von 2 km² einnehmen. Man unterscheidet groß-, mittel- und feinkörnige Granitvarietäten. Die Mineralzusammensetzung der Iser-Leukogranite ist folgende (in %): Plagioklas 28,3 bis 48,4; Mikroklin 10,1 bis 22,3; Quarz 35,3 bis 49,0; helle Glimmer 1,5 bis 6,0; akzessorische und dunkelfarbige Minerale 0,2 bis 2,3. Im Jahre 1966 hat man auch karbonische Arkosen untersucht, die ein Lager zwischen Kraków und Katowice bilden. Die Mächtigkeit des Lagers beträgt 150 m. Die Arkosen enthalten 20 bis 30% SiO_2, 10 bis 20% Feldspäte, 3 bis 20% Glimmer. Der Chemismus der Arkose ist durch einen hohen K_2O-Gehalt (2,6 bis 3,4%) und einen niedrigen Na_2O-Gehalt von 0,4% charakterisiert.

R. Hoechst

Kurznachrichten

In **Neuseeland** ist durch Bohrungen eine vulkanische **Schwefellagerstätte** entdeckt worden. Nach vorläufigen Schätzungen handelt es sich um einen Vorrat von 6 Mill. t. Die Lagerungsverhältnisse sind günstig. Ein Abbau wird in Erwägung gezogen.

Eine neue, industriell nutzbare **Uranlagerstätte** wurde in **Australien**, in der Gegend von Flinders Rangers (Südaustralien) entdeckt. Die Vorräte werden mit 5 Mill. t Uranerz angegeben.

In den nördlichen und südwestlichen Bezirken der **Ukraine** sind neue bedeutende **Erdöllagerstätten** entdeckt worden. Wenn sie in die Produktion einbezogen werden, kann man 1970 mit einer ukrainischen Gesamtförderung von 14 Mill. t Erdöl rechnen.

Bei Sarakhs, in der Nähe von Mashhad im **Iran**, an der iranisch-sowjetischen Grenze, ist eine bedeutende **Erdgaslagerstätte** entdeckt worden, deren Vorrat auf 500 Mrd. m³ geschätzt wird. Es besteht die Möglichkeit eines genetischen Zusammenhangs dieser Lagerstätte mit denen des Karakumgebiets in der UdSSR, die ebenfalls als sehr ergiebig angesprochen werden.

Die **Manganerzlagerstätte** von Mokta, **Elfenbeinküste**, baut Psilomelan- und Kryptomelanerze ab. Sie ist seit 1960 in Betrieb. Es handelt sich um eine im Pleistozän gebildete Verwitterungslagerstätte, die aus metamorphen, manganhaltigen Gesteinen des Präkambriums entstanden ist.

Mit dem Betriebsanlauf von zwei Schächten auf **Kalisalz** im Küstengebiet der englischen Grafschaft Nordyorkshire beginnt für **Großbritannien** eine völlig neue Industrie. Die Lagerstätte liegt 1400 m tief. Man rechnet bei Vorräten von 50 Mill. t (vorläufige Zahl) zunächst mit einer Produktion von 1 Mill. t Reinkali, die bis 1973 auf 2 Mill. t gesteigert werden könnte.

Marokko, der größte Phosphatexporteur der Welt, hat 1967 9814000 t **Phosphat** ausgeführt. Die im Raum von Khouribga liegenden Lagerstätten haben Vorräte von 40 Mrd. t. 65% der Produktion werden im Tiefbau, der Rest im Tagebau gewonnen.

In **Frankreich** wurde in 5600 m Teufe bei der Ortschaft Nassier, etwa 25 km von dem Erdgasfeld Lacq entfernt, eine neue **Erdgaslagerstätte** entdeckt. Über die Zusammensetzung des Gases und über die Vorräte liegen noch keine Angaben vor.

In den nächsten Heften

der

Zeitschrift für angewandte Geologie

erscheinen u. a. folgende Beiträge

H. Glander: Hydrogeologische Kartierung in der DDR und ihre Aussage für die Regionalprognose nutzbaren Grundwassers

L. Luckner: Problematik der Berechnung nichtstationärer Grundwasserströmungsprobleme durch Vorgabe von Absenkungsstadien

W. W. Beloussow: Tektonosphäre der Erde (Ergebnisse und Forschungsaufgaben)

W. W. Welinskij: Wie und wo bilden sich Magmen?

W. F. Barabanow: Die Genese hydrothermaler Gänge und das Problem der Herkunft des mineralischen Stoffbestandes der Gänge

E. Stolle: Klassifizierung der Veränderlichkeit der wichtigsten Kalilagerstättenmerkmale

A. P. Petrow & M. M. Ellanskij: Die Klassifikation geologischer Objekte mit Hilfe von Zeichenerkennungsprogrammen und Programmen der mehrfachen Regressionsanalyse

B. Preuss: Zur Problematik von objektiven Reflexionsmessungen — I. Prüfungsmöglichkeiten der Standardoberflächen

M. Lange & S. Putscher: Über die Beziehungen zwischen petrographischen Parametern und gesteinstechnischen Kennwerten von Festgesteinen, dargestellt am Beispiel eines Syenitporphyrs

N. B. Wassojewitsch, J. I. Kortschagina, N. W. Lopatin, W. W. Tschernyschew & K. A. Tschernikow: Die Hauptphase der Erdölbildung

W. Nöldeke: Das Obervisé von Doberlug-Kirchhain

W. P. Stroganow: Über den Einfluß toniger Dachschichten auf die Lage des Gas-Wasser- und Gas-Öl-Kontaktes in mehrschichtigen Lagerstätten

W. A. Uspenskij: Über die Grundlagen der genetischen Klassifikation fossiler organischer Substanzen verschiedener Art

G. Galinsky: Eine neue Bemusterungsmethode bei der Erkundung von Sanden und Kiesen

M. Hannemann: Geologische Gesichtspunkte bei der Ermittlung der Bodensteinigkeit im norddeutschen Flachland

W. Jung & M. Spilker: Über ein bemerkenswertes Tiefenkarstvorkommen

G. Milde: Der Hohlrauminhalt Wasser — Betrachtungen zu seinen Veränderungen, Bewegungen und zu seinem Einfluß auf die Lagerstättenbildung aus hydrogeologischer Sicht

ABHANDLUNGEN

des Zentralen Geologischen Instituts

Zuletzt erschienen

Heft 7

E. v. Hoyningen-Huene

Stratigraphische Korrelationsschemata für das Siles und das Perm der Deutschen Demokratischen Republik

1968 — XII und 133 Seiten — 7 Abbildungen — 9 Tabellen — 11 Anlagen — Halbleinen M 25,—

Heft 8

H. Döring, W. Krutzsch, D. H. Mai, E. Schulz

Erläuterungen zu den sporenstratigraphischen Tabellen vom Zechstein bis zum Oligozän

1966 — 149 Seiten — 8 Anlagen-Tabellen — Halbleinen M 15,—

Heft 9

Instruktion für die Anfertigung einheitlicher ingenieurgeologischer Grundkarten

1967 — VIII und 35 Seiten — Farb- und Zeichenerklärung — 9 Anlagen — Halbleinen M 15,—

Heft 10

Klimaänderungen im Tertiär aus paläobotanischer Sicht

1967 — LII und 228 Seiten — 28 Abbildungen — 11 Bildtafeln — Halbleinen M 30,—

Heft 12

D. Lotsch

Stratigraphisches Korrelationsschema für das Tertiär der Deutschen Demokratischen Republik

1969 — XIV und 438 Seiten — 30 Abbildungen — 35 Anlagen — Halbleinen M 95,—

Heft 14

Autorenkollektiv

Engineering-Geological Mapping in the Countries of the Council of Mutual Economic Aid

1968 — X und 148 Seiten — 28 Abbildungen — 6 Tabellen — 10 Anlagen — Halbleinen M 30,—

In Vorbereitung befinden sich

Heft 11

H. Kästner

Zur Geologie der Kalisalz- und Kohlensäurelagerstätten im südlichen Werra-Kaligebiet

Heft 13

P. Puff

Über den unteren Buntsandstein am Südrand des Thüringer Beckens

Heft 15

H. Pfeiffer

Stratigraphisches Korrelationsschema für das Dinant der Deutschen Demokratischen Republik

Heft 16

H. Lange & C. Schröter

Bibliographie der geologischen Wissenschaften für die Deutsche Demokratische Republik, Veröffentlichungen des Jahres 1967

Heft 17

C. Adam

Beiträge zur Kenntnis der Kaoline und Tertiärtone in Nordwestsachsen

Bestellungen nimmt die Vertriebsstelle des Zentralen Geologischen Instituts, 104 Berlin, Invalidenstraße 44, entgegen.

Herausgeber: Zentrales Geologisches Institut im Auftrag des Staatssekretariats für Geologie beim Ministerrat der Deutschen Demokratischen Republik. Für die kollektive Chefredaktion: Dr. K. Kauter (Redaktionssekretär), Berlin, Redaktion: 1054 Berlin, Zionskirchstraße 34 (Fernsprecher 426001). Verlag: Akademie-Verlag GmbH, 108 Berlin, Leipziger Straße 3—4 (Fernsprecher 220441, Telex 0112020, Postscheckkonto: Berlin 35021). Bestellnummer des Heftes 1047/15/10. Alleinige Anzeigenannahme DEWAG-WERBUNG, 102 Berlin, Rosenthaler Str. 28—31, und alle DEWAG-Betriebe in den Bezirksstädten der DDR. Die „Zeitschrift für angewandte Geologie" erscheint monatlich, Exportpreis: M 6,—, Sonderpreis für die DDR: M 2,— je Heft. — Satz und Druck: VEB Druckhaus „Maxim Gorki", 74 Altenburg. Veröffentlicht unter der Lizenznummer 1279 des Presseamtes beim Vorsitzenden des Ministerrates der Deutschen Demokratischen Republik. Kartengenehmigung Nr. 686/69, 755/69.

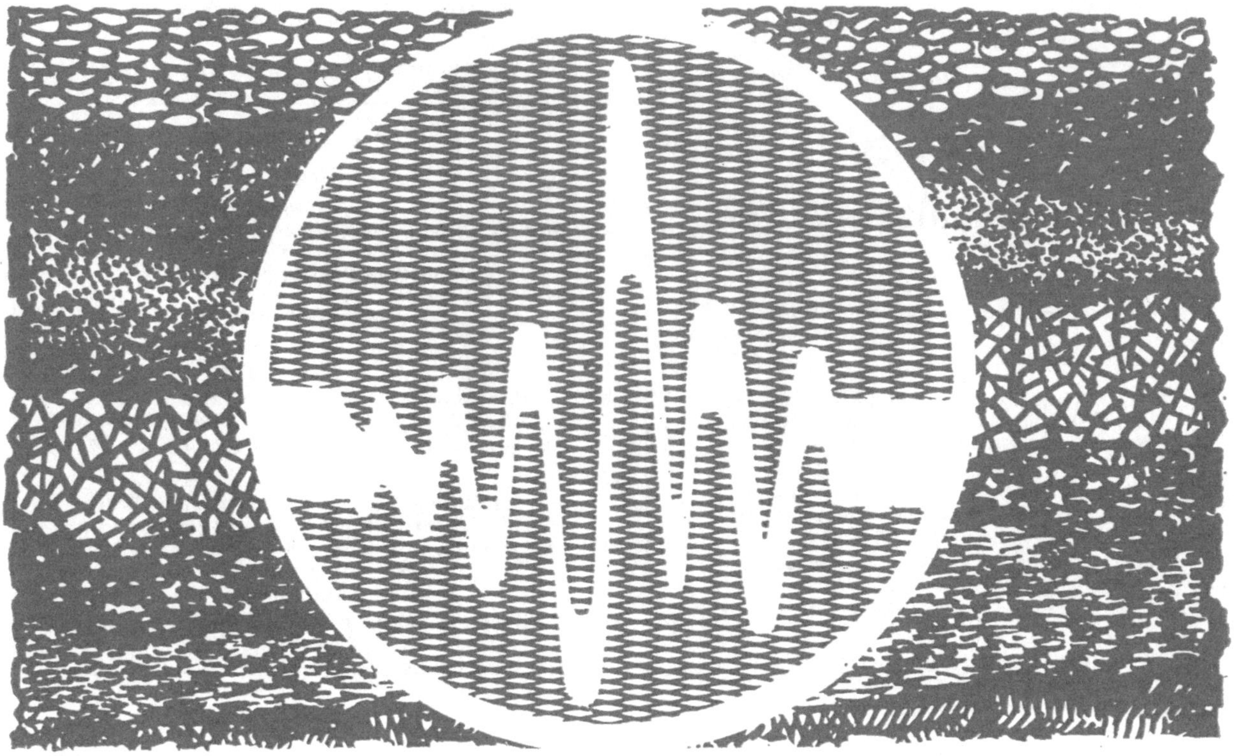

FSC
www.fsc.org
MIX
Papier | Fördert gute Waldnutzung
FSC® C083411

Zeitfracht Medien GmbH
Ferdinand-Jühlke-Straße 7
99095 Erfurt, Deutschland
produktsicherheit@kolibri360.de